基本を学ぶ
流体力学

藤田勝久 著

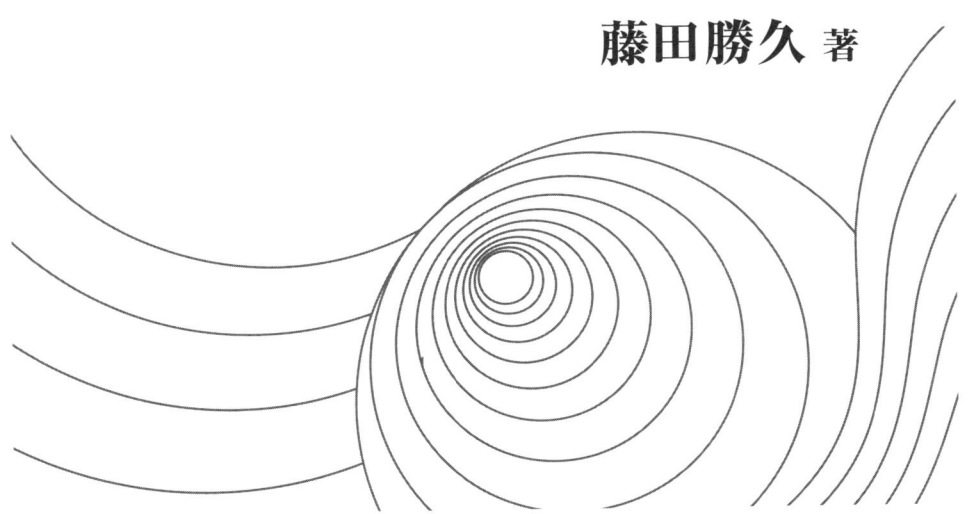

森北出版株式会社

● 本書のサポート情報を当社Webサイトに掲載する場合があります．下記のURLにアクセスし，サポートの案内をご覧ください．

https://www.morikita.co.jp/support/

● 本書の内容に関するご質問は，森北出版 出版部「(書名を明記)」係宛に書面にて，もしくは下記のe-mailアドレスまでお願いします．なお，電話でのご質問には応じかねますので，あらかじめご了承ください．

editor@morikita.co.jp

● 本書により得られた情報の使用から生じるいかなる損害についても，当社および本書の著者は責任を負わないものとします．

■ 本書に記載している製品名，商標および登録商標は，各権利者に帰属します．

■ 本書を無断で複写複製（電子化を含む）することは，著作権法上での例外を除き，禁じられています．複写される場合は，そのつど事前に(一社)出版者著作権管理機構（電話03-5244-5088，FAX03-5244-5089，e-mail：info@jcopy.or.jp）の許諾を得てください．また本書を代行業者等の第三者に依頼してスキャンやデジタル化することは，たとえ個人や家庭内での利用であっても一切認められておりません．

 **まえがき**

　私たち人類は，空気や水などの流体と密接にかかわり合って生活しており，その流体の力学特性を知ることは，産業などで流体を使いこなす上でもたいへん重要である．
　流体力学に関する研究は，古くは紀元前3世紀のギリシア文明におけるアルキメデス（B.C.287–212）の原理の発見，15世紀のレオナルド・ダ・ヴィンチ（1452–1519）の飛行体の研究，さらにパスカル（1623–1662）の原理，ニュートン（1642–1727）の粘性法則，ベルヌーイ（1700–1782）の定理，プラントル（1875–1953）の境界層の概念など，たいへん多い．現在では，理学分野の気象学，海洋学や宇宙・天体学や，工学分野の機械工学，航空・宇宙工学，船舶・海洋工学，化学工学，原子力工学，河川工学，都市工学から，最近の地球環境工学，バイオ・生体工学，医療・福祉工学，スポーツ工学，さらには医学分野に至る広範囲において欠かすことのできないもっとも重要な基幹学問の一つである．たとえば，機械工学では，材料力学，流体力学，熱力学および機械力学は4大力学として，基幹学問の教育カリキュラムになっており，この分野の学生は習得しなければならない学問である．
　本書は，大学の3年生前後，および高専の高学年向けの，半期または通期用の実用的な入門テキストである．また，実務技術者の実用入門参考書としても利用できるように配慮した．
　流体力学は，材料力学や機械力学に比べてとっつきにくいとの声を聞くため，本書では，初学者でも理解できるように，物理現象をできるだけ平易に記述し，流体力学の諸概念を容易に理解できるように，図を多く用いた．また，理解を助けるために，例題や演習問題も多く用意した．
　本書の構成はつぎのとおりである．
　第1章では，流体力学とは何か，またいかに大切な学問であるかを紹介する．第2章では，流体の概念と基本的性質を学ぶ．第3章では，流れのない静力学としての流体の力学を学ぶ．第4章では，流れを伴うときの動力学の基礎を学び，流れを伴うときの流体の性質とその運動について説明する．ここまでで，流体力学の基本の理解と実用的な対応が少しは可能になるだろう．
　第5章では，流体力学の長い歴史に立ち返り，理想流体としての扱いによる流体力学の理論の発展を学び，流れ現象を説明する．第6章では，理想流体に対する実存の

流体として粘性流体について学び，流体と物体との境界面において，粘性がいかなる物理的振る舞いをするかを説明する．第7章では，さらにわれわれの身の回りで多く見受けられる物体内の流れ，すなわち円管内の流れについて，実存する流体の力学を学ぶ．第8章では，粘性流体の運動を支配する基礎方程式について学び，流体力学の本質に迫る．第9章では，粘性流体のもつ非線形性に基づく難解さを，物体の境界面とこれから離れた領域とに分けて扱う境界層流れの概念の実用性について学ぶ．また，第10章では，流体のもつ流れ自身の本質を学ぶ．

第10章までは，流体がもつ圧縮性を比較的遅い流れとし，実用上無視して取り扱うが，最後の第11章では，圧縮性を考慮しなければならない高速流れを例に，圧縮性流体の力学の基礎を学ぶ．

本書は，大学のカリキュラムの標準に準拠するため，非定常流れ，数値流体力学，希薄気体力学や非ニュートン流体力学などについては言及していない．分量としては，半期だけでは少し盛り沢山とも考えられるが，これは流体力学の教科書として必要最小限備えなければならない内容を勘案した結果である．このため，第1章，第5章，第8章，第9章を比較的概説的に学び，さらに第10章，第11章を割愛して，つぎの機会に学ぶことも良いだろう．

なお，本書をまとめるにあたっては，企業の研究部門での著者の長い経験，とくに原子力，火力などのエネルギー関連の流体が介在する機械・構造物，流体力を受ける一般機械・鉄鋼構造物，油圧・水圧関連の機械などの研究・開発，さらには構造部門と流体部門との研究者からなる長年の社内研究会のとりまとめの経験などが基礎となっている．また，大学に移ってからの学部・大学院の学生と一緒に取り組んできた流体と構造物の相互作用に関する研究活動や大学での「流体力学」の講義ノート，さらには，原子力関連の研究所の熱流動・構造グループの研究者を指導してきた経験を本書に反映させた．しかし，著者の浅学，非才による不行き届きや，不満足な点があることについてはご容赦願うとともに，忌憚のないご意見を賜れば幸いである．

終わりに，本書に引用させていただいた内外の書物，文献の著者に厚く感謝申し上げる．また，本書の刊行にあたっては，森北出版の石田昇司氏をはじめとして，実務の労を取っていただいた加藤義之氏ほか関係各位に多大なるご理解とご尽力を賜った．また，執筆にあたって何かと妻・泰子の理解と協力を得た．この場を借りて，皆様に深く感謝の意を表したい．

2009年3月

藤田勝久

目　次

第1章　はじめに ───────────────────────────── 1

第2章　流体の概念と性質 ─────────────────────── 7
2.1　流体と流体力学　7
2.2　流体力学での単位系と密度・比体積　8
2.3　圧力とせん断応力　9
2.4　粘度と動粘度　9
2.5　ニュートン流体と非ニュートン流体　12
2.6　圧縮性と体積弾性係数　12
2.7　流体の分類　13
演習問題　14

第3章　流体の静力学 ────────────────────────── 15
3.1　圧力の性質　15
3.2　圧力の表し方　17
3.3　平面に作用する力　18
3.4　浮力　19
3.5　相対的静止　22
演習問題　23

第4章　流体の動力学の基礎 ────────────────────── 24
4.1　1次元，2次元および3次元流れ　24
4.2　定常流れと非定常流れ　25
4.3　流体粒子と流体の運動　26
4.4　流線と流管　27
4.5　連続の式　28
4.6　流体の変形と回転　30
4.7　流体粒子の加速度　33
4.8　オイラーの運動方程式　35
4.9　ベルヌーイの定理　36
4.10　運動量の法則　40
4.11　角運動量の法則　44
演習問題　47

第5章　理想流体の流れ —— 49

- 5.1　渦流れと循環　49
- 5.2　渦なし流れと速度ポテンシャル　53
- 5.3　流れ関数　56
- 5.4　複素速度ポテンシャル　58
- 5.5　複素速度ポテンシャルによる2次元ポテンシャル流れの表現　59
- 5.6　円柱まわりの流れ　68
- 演習問題　73

第6章　粘性流体の基礎と物体まわりの流れ —— 74

- 6.1　粘性流体と理想流体の相違　74
- 6.2　粘性の特性と流れ　75
- 6.3　レイノルズ数　76
- 6.4　層流と乱流　76
- 6.5　内部流れと外部流れ　78
- 6.6　円柱まわりの流れ　78
- 6.7　翼のまわりの流れ　85
- 演習問題　89

第7章　円管内の流れ —— 90

- 7.1　円管内の流れの変化　90
- 7.2　管摩擦損失　91
- 7.3　円管内の層流　92
- 7.4　円管内の乱流　97
- 7.5　管路内の流れと損失　105
- 演習問題　108

第8章　粘性流体の基礎方程式 —— 110

- 8.1　連続の式　110
- 8.2　応力で表された粘性流体の運動方程式　111
- 8.3　変形速度と応力　112
- 8.4　粘性流体の運動方程式　117
- 8.5　遅い流れの解　123
- 8.6　乱流時の粘性流体の運動方程式　124
- 演習問題　126

第9章　境界層流れ —— 128

- 9.1　境界層と主流　128
- 9.2　境界層とレイノルズ数　129
- 9.3　境界層方程式　130
- 9.4　運動量積分方程式　132
- 9.5　境界層のはく離　136

  9.6 平板に沿う層流境界層 138
  9.7 乱流境界層 141
  演習問題 144

第 10 章　単純せん断層，噴流，後流 — 145
  10.1 単純せん断層 145
  10.2 噴流 146
  10.3 後流 148
  演習問題 150

第 11 章　圧縮性流体の流れ — 151
  11.1 音速 151
  11.2 圧縮性とマッハ数 154
  11.3 圧縮性流体の熱力学 157
  11.4 圧縮性流体の 1 次元流れ 159
  11.5 衝撃波 167
  演習問題 170

演習問題略解 — 171

参考文献 — 179

索　引 — 180

第1章 はじめに

　私たちが生きていく上で欠かせない空気や，燃料として利用している天然ガスなどは気体であり，水やジュース，灯油やガソリンなどは液体であるが，これらはすべて流体である．

　本章では，流体の力学を学ぶことがいかに大切か，また，流体が私たちの生活にいかに大きなかかわりをもっているかを考えてみる．

キーワード	気体，液体，渦，自然，輸送・交通，エネルギー関連，流体関連機械，環境，文化生活

(1) 自然の変化

　私たちをとりまく四季折々の大気の変化や風，風雨に伴う河川の流れ，波浪，海流の動きは，流体の運動である．地球の公転と自転に伴って北半球に生じる偏西風なども，流体の力学と宇宙の力学によって生じる．さらには，台風，ハリケーン，竜巻，津波なども，すべて流体の流れによるものである．古今東西，私たちは家屋，高層ビル，橋などをつくるときは，このような流体の力を考慮に入れて設計，建設してきた．

　図 1.1 は，潮流の中におかれたタンカーの後方にできたカルマン渦列とよばれる渦の変動の様子を示したものである．この渦列は，物体の背後の流れが非対称になる場

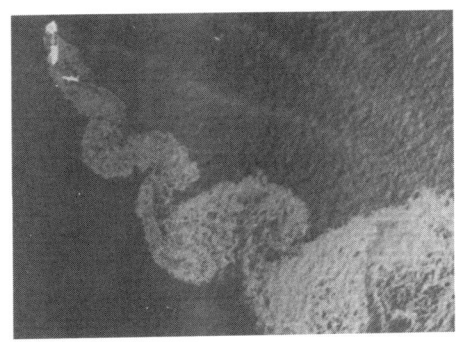

図 1.1　タンカーより流出した原油によって可視化されたカルマン渦列（日本流体力学会編：流れの可視化，朝倉書店，1996.）

図 1.2　タコマ橋の風による落橋
（提供：神鋼電機（株））

合があることを，カルマンという学者が発見したことにちなんで名付けられたが，これは物体に力を及ぼし，場合によっては破壊事故の引き金になる．また，図1.2は，1940年にアメリカのワシントン州のタコマ橋が風によって落橋した事故記録の写真である．タコマ橋は，開通して数か月後，17～18 m/sの横風を受け，大きく振動して崩壊した．このような事故を防ぐためにも，流体力学をしっかり学ばなければならない．

(2) 交通，輸送

近年，交通機械，輸送機械はますます高速化され，技術の進歩は目覚しい．自動車では，燃費低減とファッション性・快適性などの追求のため，空気抵抗を小さくする形状を流体力学の力を借りて達成してきた．航空機のお陰で，いまや世界のどこへでも足を運ぶことができるようになったが，重い物体を空中に浮かして高速で移動できるのは，流体の力学のお陰である．新幹線などの高速列車の開発では，流体力学を駆使して安定した高速走行や空気抵抗による振動や騒音の抑制を実現してきた．また，大量輸送に欠かせない船舶の開発でも，波浪と戦いながら浮体として安定して航行する技術が貢献してきた．さらには，成層圏を突き抜けて宇宙へ飛び立つロケットの安定飛行にも，打ち上げ時の流体抵抗やロケット内の液体燃料の動的な挙動の解明などが役立っている．図1.3は航空機の後方の後流で引き起こされた3次元の循環による渦が，雲の中に形成された事例である．これは，航空機が飛ぶための揚力を発生させる

図 **1.3** 航空機の後方で引き起こされた3次元の渦が雲の中に形成された事例
（M. Samimy, K.S. Breuer, L.G. Leal and P.H. Steen: A Gallery of Fluid Motion, Cambridge, 2003.）

ときに，後方にできる渦である．

(3) 日常生活と機械

　日常生活の中で流体が深くかかわっているものとして，水道，エアコン，扇風機，換気扇などが挙げられる．冷蔵庫も冷却用の流体がパイプの中を流れている．ヘアドライヤ，洗濯機，掃除機も，流体を利用したものである．

(4) 生活環境保全

　台風などにより短期間に大量の降雨があっても，一時的にその水を地下に貯水し，雨が止んだら，大規模ポンプ機を使って，その水をくみ上げて川に戻している．また，地下鉄や道路のトンネルなど空気が滞留するところでは，ブロア・ファンという送風機を使って換気を行っている．このように，さまざまなところで水や空気などの流体を扱う機械（流体機械）が私たちの生活環境を快適に維持するために使われている．

(5) エネルギー高度化社会

　文明社会が発展し，私たちが快適に生活できるのも，電気エネルギーを筆頭とするエネルギー開発に負うところが大きい．これを維持するためには，地球温暖化対策に配慮しながらも，エネルギー利用高度化社会を推し進める必要がある．

　火力，原子力，水力の各種発電所は，流体を媒体として，熱エネルギー，核エネルギー，水の位置エネルギーを電気エネルギーに変換している．これらのプラントには，蒸気タービン，ガスタービン，水車，ボイラ，各種ポンプ，圧縮機，送風機などの流体機械が組み込まれている．さらに，数多くの流体が流れる大小の配管，流体が内在している圧力容器や各種の液体貯蔵タンクがある．

　このように，発電所ではとくに，機械・構造物と流体が非常に深い関係にある．図1.4に原子力発電プラントの構造断面図を示す．ここでは，流体が介在する原子炉容器，ポンプ，各種の熱交換器，蒸気タービン，さらに多くの配管類などがある．また，図1.5に発電事業用ガスタービンの構造の断面写真を示す．ケーシングの上側半分を開いた状況である．空気はまず左側に示す圧縮機の多段の翼によって高圧にされ，図の中央部の空洞にみえる燃焼室に送り込まれる．ここで燃料と高圧空気が混合・着火され，高温・高圧のガスになり，右側のガスタービンの4段動翼に作用して，回転体を回して発電する．

(6) 産業プラント・機械装置

　化学プラント，製鉄プラントから，製紙，繊維，食品プラントに至るまで，製品を

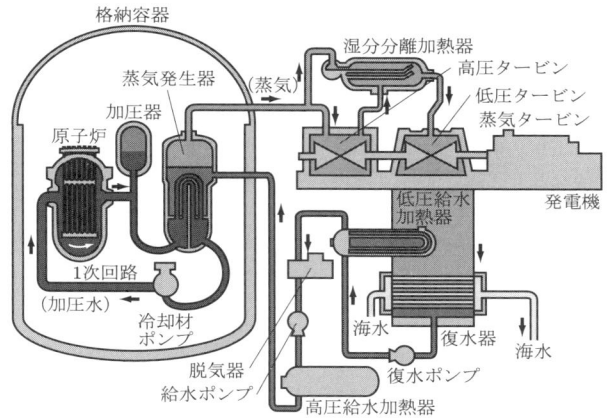

図 1.4 加圧水型軽水炉の原子力発電プラントの構造

図 1.5 発電事業用ガスタービンのケーシングを開けたときの圧縮機側の翼とタービン側の翼の実物写真

造る工場内では，容器，塔，配管などが複雑に交差し，その中をガスや液体などの流体が流れている．物流機械，自動化機械，ロボットなどにおいても，駆動機構や加力機構などの油圧装置や空気圧装置として，流体が大きな役割を占めている．

図 1.6 は長方形チャンネル内の流れを可視化した事例である．このように流体は，同じ形状の通路を流れるときでも流速によって流れ方が変化する．

（7）医療・バイオ・生物

近年では医療機器もその進歩が著しい．たとえば，人工心臓は産業用ポンプの技術を応用している．血液の流れは流体の挙動そのものであるため，円管内の流体の流れが応用で

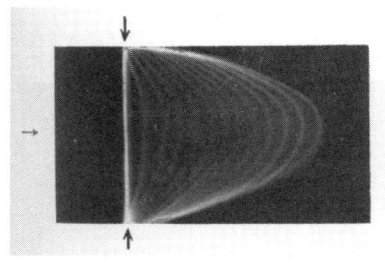 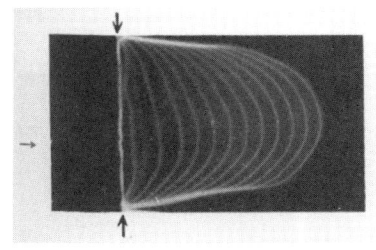

(a) 遅い流れ（層流，レイノルズ数：2000）　　(b) 速い流れ（乱流，レイノルズ数：5000）

図 1.6　長方形チャンネル内の流れ（空気）の可視化
（流れの可視化学会編：新版 流れの可視化ハンドブック，朝倉書店，1986.）

きるのである．血管中に細い器具を通す医療検査技術においても，なめらかに器具が移動できる技術開発などに流体力学がたいへん貢献している．バイオの分野でも，微生物などを利用した環境改善として汚染流体の除去などに流体力学が応用されている．

　大空を自由に飛び回る鳥や昆虫も，よく観察すると運動のメカニズムはさまざまで，それぞれに飛ぶための工夫がみられる．また，海中や水中の生物も，流体中を移動する運動のメカニズムは多様であるが，流体力学に基づいている．図 1.7 はイルカが泳ぐ 1 周期の運動を高速度カメラで撮影し，スケッチし直したものである．イルカが非常に高速で泳げるのも，流体力学と関連が深い．

図 1.7　イルカの泳ぎの運動分析
（永井實：イルカに学ぶ流体力学，オーム社，1999.）

(8)　スポーツ

　スポーツの世界も，流体とは切っても切り離せない関係がある．スピードを争う水泳などでは，競技用水着の流体抵抗の低減が大きな課題となる．スキージャンプでも，飛距離を伸ばすためには，浮き上がるための揚力とともに，空気の抵抗をいかに小さくするかが重要である．ゴルフのボールに小さな凹みをつけているのも，流体力学の考えをもとにした飛距離を伸ばす工夫である．野球やサッカーのボールに回転を与えると軌道が変化するのも，また，ヨットが風上に進むのも流体力学の原理に起因する．

(9) 音・芸術

　洋楽器のフルートなど，あるいは和楽器の尺八や笛などは，すき間からの流体の流れと管路の流体共鳴を利用して音を出している．よい音色を出すためには，流体から出る渦や流れの挙動に工夫を凝らさなければならない．すばらしいオーケストラが演奏されるホールの良し悪しも，流体の特性に支配される．

　このように，流体は，幅広い分野にかかわっていることがわかる．第2章からは，さらに具体的に流体について学んでいこう．

流体の概念と性質

自然界に存在する物質は，固体，液体，気体に分けられる．流体は液体と気体の総称であることは第1章で述べた．

本章では，本格的に流体力学を学ぶ前段階として，まず流体の定義，流体の基本的性質，さらに流体の運動を取り扱う際の基本的な考え方について学んでいこう．

キーワード 粘性，クエット流れ，ニュートンの粘性法則，圧縮性

2.1 流体と流体力学

流体を大別すると，**液体**（liquid）と**気体**（gas）に分けられる．固体（solid）と比較した流体の大きな特徴は，流体が特定の形をもたず容易に変形し，接する固体の形状によって運動が支配されることである．

流体（物質）は，微視的にみると分子・原子などの多く微小な流体（物質）の塊りから構成されている．このため，流体は，微小な流体の塊りの連続した物質であるとみなすことができる．このような，空間に切れ目なく広がる物質と考えることができるものを**連続体**（continuum）という．

固体の場合，一つの質点を単位にしてその運動を論じたり，棒や板のように形がわずかしか変形しないとして，固体自身の大きな単位，すなわち構造体に着目して力学を論じたりすることができる．一方，流体の場合，物体まわりの流れ，容器または管路内の流れとして，流体は接する固体の形に寄り添って形を変えるので，特定の形をもたない微小な流体の塊りの連続体の力学を考えなければならない．このような微小な流体の塊りを**流体粒子**（fluid particle），または**流体要素**（fluid element）という．

流れの中にある物体まわりの流れが，連続体として取り扱える条件を考えてみよう．流体を微視的にみた様子を図2.1に示す．この図で，λは分子の平均自由行程であり，図に示すように，分子が自由な直進運動をして分子間を飛び交い，衝突して向きを変え，さらに運動をくりかえすときの分子間の平均距離をいう．この流体の分子の平均自由行程λと流れの中に置かれた物体の代表寸法L（円柱では直径に相当する）との比，すなわち，次式で連続体として扱えるかどうかの判断ができる．

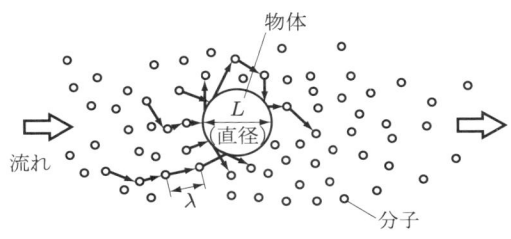

図 2.1　微視的にみた流体

$$Kn = \frac{\lambda}{L} \tag{2.1}$$

この Kn を**クヌーセン数**（Knudsen number）といい，流体ならば，0.01 より小さくなければならない．このように，流体粒子は，物体まわりの流れを考察するために，物体の代表寸法に比べて十分小さくとるが，流体分子の平均自由行程よりは十分大きくとる．なお，図では，分子の大きさを拡大して描いているが，たとえば，0°C，1 気圧の空気の分子の平均自由行程は約 0.03×10^{-6} m $= 0.03\,\mu$m であり，この場合，代表寸法が $L > 3\,\mu$m のとき，この流体は連続体として取り扱ってもよいことになる．

流体力学（fluid mechanics）は，このような流体による各種の物体の内外を流れる流体の挙動と，それによって生じる力，モーメントやエネルギー損失を論じる学問である．

なお，高真空装置内や地上 150 km 以上の超高空では，空気は非常に希薄となり，上述の連続体としての扱いができず，**希薄気体力学**（rarefied gas dynamics）で考えなければならない．また，ナノスケールの超微細な物体の場合も，連続体としての流体力学の適用ができない．

2.2 ⊞ 流体力学での単位系と密度・比体積

本書で用いる単位は，**国際単位系**（SI units）である．長さを m，質量を kg，時間を s とすると，力はニュートンの運動の法則より，

$$1\,\text{N} = 1\,\text{kg} \times 1\,\text{m/s}^2 = 1\,\text{kg} \times \text{m} \times \text{s}^{-2} \tag{2.2}$$

となり，N（ニュートン）で表される．

流体の**密度**は，流体の単位体積あたりの質量を表し，ρ [kg/m^3] と表す．また，**比体積**は，単位質量あたりの体積を表し，v [m^3/kg] と表す．ρ と v の間には逆数の関係がある．

密度は状態量であり，温度と圧力の関数となる．気体の密度は

$$\rho = \frac{p}{RT} \quad \text{(状態方程式)} \tag{2.3}$$

より得られる．ここに，R は**気体定数** [J/(kg·K)]，T は絶対温度 [K] である．

たとえば，15℃，標準気圧，すなわち 1 気圧（101.3 kPa）における空気の密度は，式 (2.3) より，$\rho = 1.226\,\text{kg/m}^3$ となる．ここで，気体定数 $R = 287\,\text{J/(kg·K)}$ である．また，$1\,\text{J} = 1\,\text{N·m}$ であり，$1\,\text{Pa} = 1\,\text{N/m}^2$ である．標準気圧，15℃ の場合を標準状態という．

なお，液体の密度は温度や圧力に対してあまり変化しない．たとえば，4℃，標準気圧における水の密度は，$\rho = 1000\,\text{kg/m}^3$ である．

2.3 圧力とせん断応力

圧力（pressure）p は，図 2.2 に示すように，流体中に微小な面積 ΔA を考え，これに作用する垂直力を ΔP とすると，

$$p = \lim_{\Delta A \to 0} \frac{\Delta P}{\Delta A} \tag{2.4}$$

で表される．一方，これに作用する接線力 ΔT とすると，**せん断応力**（shear stress）τ は，

$$\tau = \lim_{\Delta A \to 0} \frac{\Delta T}{\Delta A} \tag{2.5}$$

と表される．いずれも単位は N/m^2 となり，これを Pa（パスカル）で表示する．

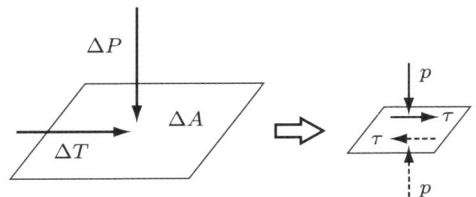

図 2.2 流体中の微小面積と圧力およびせん断応力

2.4 粘度と動粘度

流体中を運動する物体は，運動を妨げようとする力を流体から受ける．これは変形

に対して抵抗を示す（もとのままでいようとする）流体の**粘性**（viscosity）の性質による．

いま，図 2.3 に示すように，間隔が h だけ離れた 2 枚の平行板の間に流体がある場合を考える．

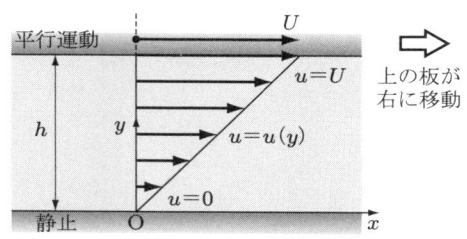

図 2.3 2 平行板の間の流れ

この図で下側の平板は静止しており，上側の平板は速度 U で右方向に移動しているものとする．流体は粘性により固体表面に付着するので，上側の平板に接する流体の速度は U，下側の平板上の流体速度はゼロとなる．速度が小さい場合は直線的な速度分布になり，次式で表される．

$$u(y) = \frac{U}{h} y \tag{2.6}$$

ここで，y は下側の平板上からの距離，$u(y)$ は y の位置における流速である．このような速度勾配が直線状の流れを**クエット流れ**（Couette flow），または**単純せん断流れ**（shear flow）という．面積 A の平板を動かすのに力 T を必要とするときのせん断応力 τ は，流速 U に比例し，平板の間隔 h に逆比例することが多くの流体においてわかっている．すなわち，つぎの関係式が成り立つ．

$$\tau = \frac{T}{A} = \mu \frac{U}{h} \tag{2.7}$$

ここに，比例定数 μ は流体の**粘度**（viscosity），または**粘性係数**（coefficient of viscosity）といい，単位は Pa·s である．

一般には，流れは直線的でなく，図 2.4 に示すような速度分布をもつ．この場合，せん断応力 τ は速度勾配に比例するので，次式が得られる．

$$\tau = \mu \frac{du}{dy} \tag{2.8}$$

この式は，**ニュートンの粘性法則**（Newton's law of viscosity）といい，流れが層状に流れるとき，すなわち，**層流**（第 6 章参照）のときに成り立つ．

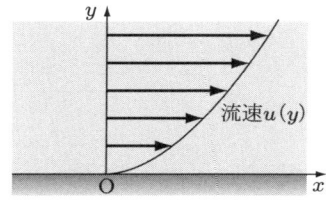

図 2.4 直線的でない速度分布の場合

流体の粘度 μ を密度 ρ で割った値 ν を**動粘度**（kinematic viscosity），または**動粘性係数**（coefficient of kinematic viscosity）といい，次式となる．

$$\nu = \frac{\mu}{\rho} \tag{2.9}$$

単位は $\mathrm{m^2/s}$ で表す．流れに対する粘性の影響を考える場合，粘度 μ より動粘度 ν のほうがよく用いられる．表 2.1 に標準気圧における水と空気の代表的な粘度と動粘度を示す．

表 2.1 標準気圧における水と空気の代表的な粘度と動粘度

	水			空 気	
温度 [℃]	μ [Pa·s]	ν [m²/s]	温度 [℃]	μ [Pa·s]	ν [m²/s]
0	1.792×10^{-3}	1.792×10^{-6}	0	1.710×10^{-5}	1.322×10^{-5}
5	1.520×10^{-3}	1.520×10^{-6}	10	1.760×10^{-5}	1.410×10^{-5}
10	1.307×10^{-3}	1.307×10^{-6}	20	1.809×10^{-5}	1.501×10^{-5}
15	1.138×10^{-3}	1.139×10^{-6}	30	1.857×10^{-5}	1.594×10^{-5}
20	1.002×10^{-3}	1.0038×10^{-6}	40	1.904×10^{-5}	1.689×10^{-5}
25	0.890×10^{-3}	0.893×10^{-6}	50	1.951×10^{-5}	1.786×10^{-5}
30	0.797×10^{-3}	0.801×10^{-6}	60	1.998×10^{-5}	1.885×10^{-5}

例題■2.1

図 2.5 に示す木製の薄い平板を，これよりも比較的大きくて，長い水槽に浮かべた．この先端にひもをつけて静かに引張るとする．このとき，動かす速度と平板の大きさに応じて力が必要になることがわかる．また，平板の下の水が同時に動き出す．この理由を述べよ．

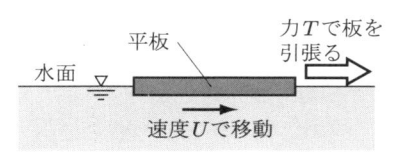

図 2.5 水に浮かんだ平板の移動

▷ **解** これは，変形に対して抵抗する流体の粘性の性質による．ニュートンの粘性法則に従い，水槽が深い場合は，ある程度の深さまでの水が動き，それより下の水は動かない．

> **例題 ■ 2.2**
> 図 2.3 に示した平行板の間隔が $h = 1\,\mathrm{m}$ であるとする．この平行板に満たされている流体の粘度は，$\mu = 1.14 \times 10^{-3}\,\mathrm{Pa \cdot s}$ である．上側の平板を速度 $U = 5\,\mathrm{m/s}$ で右方向に移動させたとき，下側の平板に作用するせん断力を求めよ．ただし，上側の平行板の面積は $S = 20\,\mathrm{m}^2$ とする．
> ▷ **解** ニュートンの粘性法則により，せん断応力 τ は
> $$\tau = \mu \frac{\mathrm{d}u}{\mathrm{d}y} = \mu \frac{U}{h} = 1.14 \times 10^{-3} \times \frac{5}{1} = 5.70 \times 10^{-3}\,\mathrm{Pa}$$
> となる．下側の平行板に作用するせん断力 F は，つぎのようになる．
> $$F = \tau S = 5.70 \times 10^{-3} \times 20 = 114 \times 10^{-3} = 0.114\,\mathrm{N}$$

> **例題 ■ 2.3**
> 表 2.1 の水と空気の粘性について，温度の影響による相違を述べよ．
> ▷ **解** 水のような液体は，粘性によって，油に代表されるように，温度が低いとねばねばしているが，温度が高くなるとさらさらしてくる．一方，空気のような気体は，液体と逆の特性をもつことがわかる．

2.5 ニュートン流体と非ニュートン流体

空気などのすべての気体，水，油などの多くの液体は，式 (2.8) のニュートンの粘性法則に従う．この流体を**ニュートン流体**という．しかし，塗料液，ゴム液，水あめ，パルプ液，および最近の高分子化学の発達により出現したねばねばした溶液などは，ニュートンの粘性法則に従わない流体なので，**非ニュートン流体**という．

2.6 圧縮性と体積弾性係数

流体は外力すなわち圧力を加えると圧縮され，体積が変化する．気体が体積変化を起こすのは明らかだが，液体でもわずかな体積変化が起こる．このような流体の性質を**圧縮性**（compressibility）という．

さて，図 2.6 に示すように，体積 V，圧力 p の流体があるとする．この流体を加圧して圧力が $p + \Delta p$ になったとき，体積は $V + \Delta V$（ただし，$\Delta V < 0$）になったとする．このときの圧力変化量 Δp は，体積ひずみ $\Delta V / V$ と次式に示すような比例関係にある．

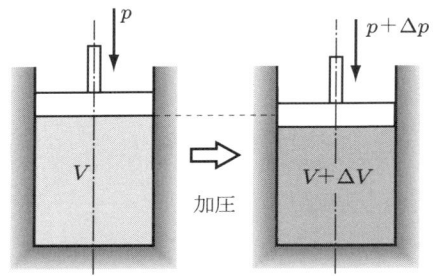

図 2.6 流体の圧縮性

$$\Delta p = -K \frac{\Delta V}{V} \tag{2.10}$$

ここで，K を**体積弾性係数**（bulk modulus of elasticity）といい，単位は Pa である．体積弾性係数 K の逆数は**圧縮率**といい，次式のように β で示される．

$$\beta = \frac{1}{K} \tag{2.11}$$

例題 2.4
水の体積を 0.1% だけ縮小させるのに，どれだけの圧力をかけなければならないか．ただし，水の体積弾性係数は $K = 2.2\,\text{GPa}$ とする．

▷ **解** 加える圧力は，式 (2.10) より，つぎのようになる．

$$\Delta p = -K \frac{\Delta V}{V} = -2.2 \times 10^9 \times (-0.1 \times 10^{-2}) = 2.2 \times 10^6\,\text{Pa} = 2.2\,\text{MPa}$$

2.7 流体の分類

流体の粘性について着目すると，この粘性を無視した流体を**非粘性流体**（inviscid fluid）といい，粘性を考慮した流体を**粘性流体**（viscous fluid）という．

粘性を無視し，さらに圧縮性を無視した流体を**理想流体**（ideal fluid），または**完全流体**（perfect fluid）という（第 5 章参照）．理想流体は粘性がないため壁面上でせん断応力を受けず，壁面上でも流速をもつことになり，エネルギー損失や抵抗が存在せず，実存する流体と矛盾する点がある．しかし，固体と流体の境界における流体の層は，第 9 章で述べる境界層として扱えば，境界面から離れた主流領域では理想流体として扱っても実在の流体を表現できる．

また，圧縮性について着目すると，**非圧縮性流体**（incompressible fluid）と**圧縮性**

流体（compressible fluid）に分けられる（第 11 章参照）．後述するが，流速と音速の比，マッハ数が 0.3 以下であれば圧縮性の影響は小さいとみなせる．

演習問題

[2.1] クエット流れについて説明せよ．
[2.2] ニュートンの粘性法則について説明せよ．
[2.3] 圧縮性と体積弾性係数の関係について説明せよ．

第3章 流体の静力学

　静止している流体の力のつり合いを考えるのが，流体の**静力学**（fluid statics）である．流体は静止しているときは流れがないので，第2章で学んだ速度勾配によるせん断応力は存在せず，静止流体の各部分は圧力のみで互いに力を及ぼし合い，平衡状態を保っている．また，液体の場合には，高さによって圧力の変化が著しい．

　本章では，この静力学について学ぼう．

| キーワード | 静力学，圧力，浮力，メタセンター，相対的静止 |

3.1 圧力の性質

　流体中に一つの仮想面を仮定するとき，この単位面積あたりの垂直力を**圧力**（pressure）といい，圧力は流体に接する面につねに垂直に作用する．いま，圧力について考えるため，図3.1のような静止流体中の微小三角形△ABCを考える．

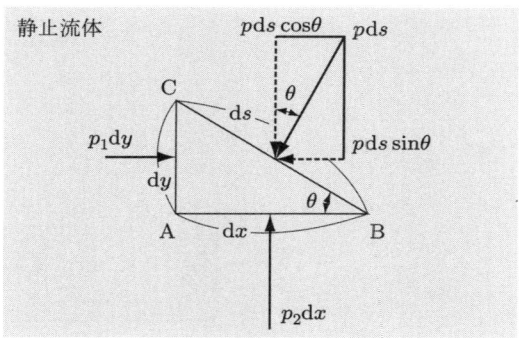

図 3.1　静止流体中の力のつり合い

　図の辺BC, AC, ABに作用する圧力を p, p_1, p_2 とすると，x 方向，y 方向の力のつり合い条件より，

$$p_1 dy = p ds \sin\theta, \quad p_2 dx = p ds \cos\theta \tag{3.1}$$

となる．なお，重力は高次の微小量として無視している．上式において $dy = ds\sin\theta$, $dx = ds\cos\theta$ であり，これを代入すると次式が得られる．

$$p_1 = p_2 = p \tag{3.2}$$

このように，静止した流体中の任意の 1 点における圧力はすべての方向に等しいことになる．また，ある面積 A の全体に働く圧力は，**全圧力** P といい，面積に均一に作用するときの圧力の強さは，次式のように表される．

$$p = \frac{P}{A} \tag{3.3}$$

また，図 3.2 に示すように，液面下 h における圧力 p は，

$$p = \rho g h + p_0 \tag{3.4}$$

で表される．ここで，ρ は液体の密度，g は重力加速度，p_0 は大気圧である．

さらに，密閉した容器中で静止している流体の一部に加えた圧力は，流体のあらゆる部分に伝わる性質をもち，図 3.3 に示すように A_1, A_2 をピストンの面積とし，ピストンの A_1 に全圧力 P_1 を作用させると，$p = P_1/A_1$ の圧力を発生し，ピストンの A_2 には全圧力 $P_2 = pA_2 = P_1 A_2/A_1$ が生じる．$A_2/A_1 > 1$ とすると，小さな力 P_1 で大きな力 P_2 を発生させることができる．これを**パスカルの原理**（Pascal's principle）という．

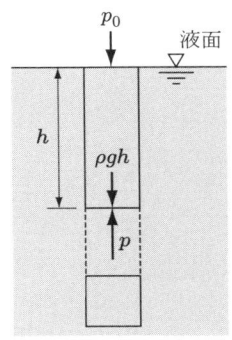

図 3.2 液面下の圧力

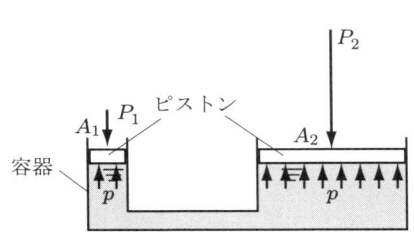

図 3.3 パスカルの原理

例題 3.1
図 3.3 のように二つの円筒容器が管でつながれている．小さなピストンの面積は $A_1 = 10\,\mathrm{m}^2$，大きいピストンの面積は $A_2 = 40\,\mathrm{m}^2$ とする．小さなピストンに $50\,\mathrm{N}$ の力を加えたとき，大きなピストンで持ち上げることのできる力を求めよ．

> **解** パスカルの原理により，密閉した容器内の流体の一部に加えた圧力はすべての部分に同じ大きさで伝わるから，p を圧力，P をピストンに加わる力，添え字は大小の容器を示すとすると，次式が得られる．
>
> $$p = \frac{P_1}{A_1} = \frac{P_2}{A_2}$$
>
> よって，大きなピストンで持ち上げることのできる力は，つぎのようになる．
>
> $$P_2 = \frac{A_2}{A_1} P_1 = \frac{40}{10} \times 50 = 200\,\text{N}$$

3.2 圧力の表し方

圧力は，第 2 章で述べたように，単位面積あたりに作用する垂直力の大きさを表し，圧力の強さの単位は Pa ($= \text{N/m}^2$) である．

圧力は，完全な真空を基準にするとき，これを**絶対圧力**（absolute pressure）という．一方，大気圧に対する相対的な圧力を**ゲージ圧力**（gauge pressure）という．図 3.2 を例にとれば，式 (3.4) より，絶対圧力は $p = \rho g h + p_0$ となり，ゲージ圧力は，次式となる．

$$p - p_0 = \rho g h \tag{3.5}$$

なお，このほかに気象学上の標準気圧として

$$1\,\text{atm} = 760\,\text{mmHg}\ (273.2\,\text{K},\ g = 9.81\,\text{m/s}^2) = 101.3\,\text{kPa}$$

や，工学上の工学気圧として，

$$\begin{aligned}1\,\text{at} &= 1\,\text{kgf/cm}^2 = 10\,\text{m H}_2\text{O} = 98.07\,\text{kPa} \\ &= 735.5\,\text{mmHg}\ (273.2\,\text{K},\ g = 9.81\,\text{m/s}^2)\end{aligned}$$

がある．ここに kgf/cm^2 は工学単位であり，kgf（$1\,\text{kgf} = 9.80665\,\text{N}$）は工学単位系の力の単位である．

> **例題 3.2**
> 図 3.4 に示す液柱圧力計，すなわち**マノメータ**（manometer）において，容器の点 A と U 字管の点 B との高さの差が $h_1 = 10\,\text{cm}$，U 字管の点 C と点 D の高さの差が $h_2 = 20\,\text{cm}$ のとき，容器内の絶対圧力，およびゲージ圧力を求めよ．ここで，U 字管の一端は大気圧に開放されているとし，点 B と点 C は同じ高さであ

る．ただし，大気圧は $p_0 = 101\,\text{kPa}$，重力加速度は $g = 9.81\,\text{m/s}^2$，容器内の流体は水でその密度は $\rho_1 = 1.00 \times 10^3\,\text{kg/m}^3$，U字管の流体は水銀で，その密度は $\rho_2 = 13.6 \times 10^3\,\text{kg/m}^3$ とする．

▷ **解** 容器内の点Aの圧力を p_A とするとき，点Bの圧力は $p_A + \rho_1 g h_1$ であり，点Cの圧力は $p_0 + \rho_2 g h_2$ である．両者の圧力は等しいので，次式が得られる．

$$p_A + \rho_1 g h_1 = p_0 + \rho_2 g h_2$$

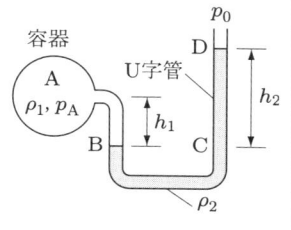

図 3.4 液柱圧力計

これより，容器内の点Aの圧力は

$$\begin{aligned} p_A &= p_0 + g(\rho_2 h_2 - \rho_1 h_1) \\ &= 101 \times 10^3 + 9.81\,(13.6 \times 10^3 \times 0.2 - 1.00 \times 10^3 \times 0.1) \\ &= 101 \times 10^3 + 9.81 \times 2.62 \times 10^3 = 126.7 \times 10^3 = 127\,\text{kPa} \end{aligned}$$

となる．また，ゲージ圧力は次式となる．

$$p_A - p_0 = g(\rho_2 h_2 - \rho_1 h_1) = 25.70 \times 10^3 = 25.7\,\text{kPa}$$

3.3 平面に作用する力

平板に作用する液体の力を考えてみよう．

図 3.5 に示すように，任意の形状をした平面の板が水平面と θ なる角度でもって置かれているとする．図のように x 軸，y 軸を板の平面上にとり，深さ方向に z 軸をとる．平面に作用する全圧力 P は，圧力が一定とみなせる微小面積を dA とすれば，$p = \rho g z$，$z = y \sin\theta$ であるから，

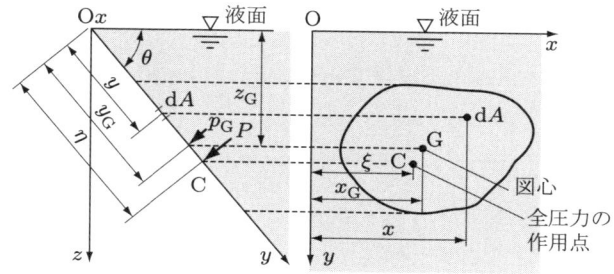

図 3.5 平面板に作用する力

$$P = \int_A p\mathrm{d}A = \int_A \rho gz\mathrm{d}A = \rho g\sin\theta \int_A y\mathrm{d}A \tag{3.6}$$

となる．一方，この平面の図形の図心 G の y 座標は，

$$y_\mathrm{G} = \int_A \frac{y\mathrm{d}A}{A} \tag{3.7}$$

であり，これを $y_\mathrm{G}\sin\theta = z_\mathrm{G}$ の関係を用いて深さ方向に換算すると，全圧力 P は

$$P = \rho g z_\mathrm{G} A = p_\mathrm{G} A \tag{3.8}$$

となる．ここで，p_G は図心に作用する圧力である．

圧力は深さに比例して大きくなるので，全圧力の作用点 C は図心と必ずしも一致しない．以下，作用点 C の x–y 平面における座標 (ξ, η) を求めることにしよう．

y 軸まわりの全圧力 P のモーメントは $P\xi$ であり，一方微小面積 $\mathrm{d}A$ に作用する圧力 p によるモーメントは $xp\mathrm{d}A$ である．これを全面積について積分すると，

$$\int_A xp\mathrm{d}A = \int_A \rho gzx\mathrm{d}A = \rho g\sin\theta \int_A yx\mathrm{d}A \tag{3.9}$$

となる．この圧力 p によるモーメントは，全圧力 P によるモーメントと等しくなるので，次式が得られる．

$$\xi = \frac{\int_A xp\mathrm{d}A}{P} = \frac{\int_A \rho gzx\mathrm{d}A}{\rho g z_\mathrm{G} A} = \frac{\rho g\sin\theta \int_A yx\mathrm{d}A}{\rho g\sin\theta y_\mathrm{G} A} = \frac{\int_A yx\mathrm{d}A}{y_\mathrm{G} A} \tag{3.10}$$

同様に，次式が得られる．

$$\eta = \frac{\int_A yp\mathrm{d}A}{P} = \frac{\int_A \rho gzy\mathrm{d}A}{\rho g z_\mathrm{G} A} = \frac{\int_A y^2\mathrm{d}A}{y_\mathrm{G} A} \tag{3.11}$$

式 (3.10), (3.11) の右辺の分子は，断面相乗モーメントおよび断面 2 次モーメントである．

3.4 浮　力

流体中の物体は，その物体が排除した体積に相当する流体の重量に等しい**浮力** (buoyancy) を受ける．この浮力の作用点は排除した流体の重心で，**浮心** (center of buoyancy) という．浮力より物体の重心に働く重力が大きければ物体は沈み，小さければ浮き上がる．

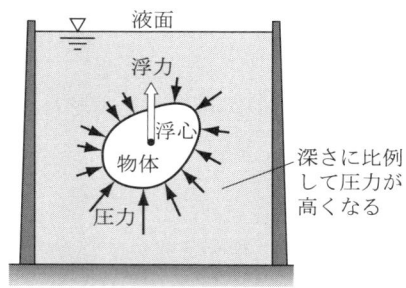

図 3.6 物体に働く浮力

　図 3.6 に示すような，流体中にある任意の形の物体表面に圧力が作用し，浮力を受けている場合を考える．この物体を取り除き，その中を周囲と同じ流体で充満しても周囲の圧力は変化せず，置き換えた流体には元の物体と同じ浮力が作用する．これを**アルキメデスの原理**（Archimedes' principle）という．

　浮力により流体中に浮かぶ物体を**浮体**という．重心よりも浮心が上にあるとき，物体はつねに安定で転覆はしない．ここでは，逆に浮心が重心より下にあるときの浮体の安定性について考えてみることにする．

　図 3.7 に示すような断面をもつ浮体を考える．浮体が，図 (a) に示すように，微小角 θ だけ右側に傾いた状態を考える．この場合，浮体の左側の三角形 $\triangle \mathrm{ACO}$ は，傾きによって液面下から液面上に移動し，この排除流体は三角形 $\triangle \mathrm{A'C'O}$ に移ることになる．傾いていないときの浮心 B は，図に示すように B' に移動する．浮体の液面の原点 O から傾く前の水平方向に x 軸をとり，断面に対して紙面に垂直方向，すなわち図 (b) に示すように，浮体断面の紙面に垂直な方向に y 軸をとる．図 (b) に示す座標 x の位置にある液面内の微小面積 $\mathrm{d}A = \mathrm{d}x\mathrm{d}y$ についての微小体積 $\mathrm{d}v_\mathrm{B}$ は，三角形の液面に対する深さ方向の距離が $x\theta$ であるから，

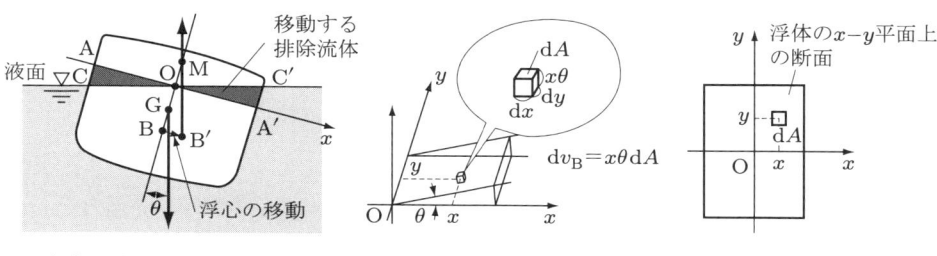

（a）浮体が θ だけ傾いたとき　　（b）排除流体の微小体積　　（c）浮体の微小面積

図 3.7 浮体の安定性

$$dv_B = x\theta dA = x\theta dxdy \tag{3.12}$$

となる．浮力は排除流体の質量と重力加速度の積に等しいので，移動する排除流体により生じる浮力の原点 O まわりのモーメントは，反時計まわりを正とすると，

$$\int_A x(\rho dv_B)g = \int_A \rho g x^2 \theta dA = \rho g \theta \int_A x^2 dA = \rho g \theta \iint x^2 dxdy = \rho g \theta I_y \tag{3.13}$$

となる．ここで，図 (c) に示すように，A は浮体の液面位置の面積，I_y は浮体の液面の y 軸 ($x=0$) まわりの断面 2 次モーメントである．

一方，浮体が傾いても排除流体が移動しないとして，浮力の原点 O まわりのモーメントを求めてみよう．V は浮体が排除する流体の体積であり，$\rho g V$ が浮心 B に作用する浮力である．また，浮心 B と原点 O の間のモーメントの腕の長さは $\overline{\mathrm{BO}}\theta$ となる．よって，浮力の原点 O まわりのモーメントは，時計まわりの向きになり，$-\rho g V \overline{\mathrm{BO}}\theta$ となる．

このままでは浮体は時計まわりに転覆することになるが，前述したように実際は浮体が右側に傾くことにより排除体積が傾いた右側に移動して，式 (3.13) に示した $\rho g \theta I_y$ のモーメントだけ浮体を反時計まわりに復元させようとする．このため，以上の両者の合計が実際の原点 O まわりの浮力のモーメントとなる．すなわち，これは浮体が傾いて浮心 B′ に移動した浮力による原点 O まわりのモーメント $\rho g V \overline{\mathrm{MO}}\theta$ と表される．すなわち，図 3.8 に示すように，破線で示す力によるモーメントが実線で示す力によるモーメントに等しくなる．

したがって，つぎの関係

$$\rho g V \overline{\mathrm{MO}}\theta = \rho g \theta I_y - \rho g V \overline{\mathrm{BO}}\theta \tag{3.14}$$

が成り立ち，

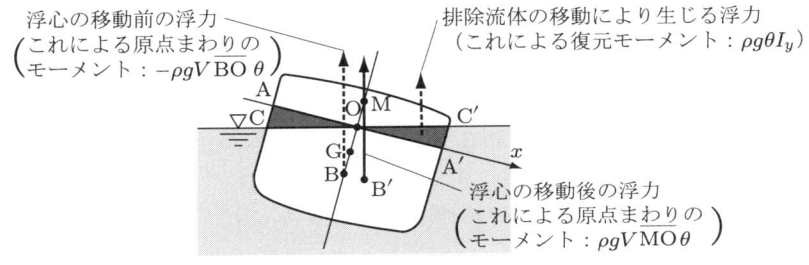

図 **3.8** 浮力によるモーメントのつり合い

$$\rho g \theta I_y = \rho g V (\overline{\mathrm{BO}} + \overline{\mathrm{MO}})\theta = \rho g V \overline{\mathrm{BM}} \theta \tag{3.15}$$

となる．よって

$$\overline{\mathrm{BM}} = \frac{I_y}{V} = \overline{\mathrm{BG}} + \overline{\mathrm{GM}} \tag{3.16}$$

となる．ここで，G は浮体の重心であり，M は**メタセンター**という．$\overline{\mathrm{GM}}$ をメタセンターの高さといい，上式より次式で表される．

$$\overline{\mathrm{GM}} = \frac{I_y}{V} - \overline{\mathrm{BG}} \tag{3.17}$$

浮体は，$\overline{\mathrm{GM}}$ が正ならば安定，負ならば不安定となる．安定化するためには，I_y すなわち浮体の幅を大きくし，$\overline{\mathrm{BG}}$ を小さくすること，すなわち重心を低くすることである．

3.5 相対的静止

容器は運動しているのに流体は静止している場合を考えてみよう．

（1）直線加速度運動　電車がある区間一定の加速度で増速するときのつり革が一斉に斜めに静止して見える場合と同様に，一定の加速度で運動する容器の中の静止流体の液面は，図 3.9 に示すように重力と慣性力の比率に応じて傾斜して静止する．

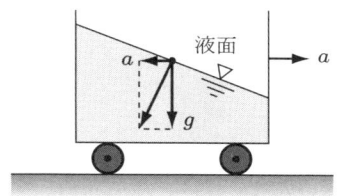

図 **3.9**　直線加速度運動

例題 3.3

図 3.9 に示した容器が円筒であり，内径 $d = 10.0\,\mathrm{cm}$，高さ $h = 15.0\,\mathrm{cm}$ の大きさであるとする．いま，この容器に液体を入れて，加速度 $a = 7.0\,\mathrm{m/s^2}$ の列車内に置いたとき，液体をこぼれないようにするには，液体の最大高さをいくらに制限しなければならないか．ただし，列車の衝撃的な運動は考えないとする．また，重力加速度は $g = 9.81\,\mathrm{m/s^2}$ とする．

▷ **解** 液体の自由表面の水平面となす角度を θ とすると，$\tan\theta = a/g$ の関係があり，こぼれないための液体の最大高さ $h_{\max}$ は，つぎの値に制限すればよい．

$$h_{\max} = h - \frac{d\tan\theta}{2} = 15 \times 10^{-2} - \frac{10 \times 10^{-2}}{2}\frac{7.0}{9.81} = 11.4 \times 10^{-2}\,\text{m}$$

(2) 回転運動　流体を入れた円筒形の容器を中心軸まわりに一定の角速度で回転させるとき，ある程度時間がたつと流体と容器は一体の運動をすることになる．このとき液面は，図 3.10 に示すように，容器の中心がくぼんだ形になり，液面は重力と遠心力の比率に支配された静止回転放物面を示す．

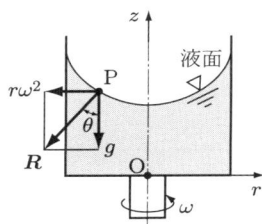

図 **3.10**　回転運動

演習問題

[3.1] 静止流体中において，y を鉛直方向上向きにとって，圧力 p と y の関係を求めよ．ここで，重力加速度を g とする．

[3.2] 浮心の物理的意味を説明せよ．また，浮体が傾いたとき浮心は移動するかどうか，その安定性について述べよ．

[3.3] 深さ 6000 m の深海における潜水艇に作用する絶対圧力を求めよ．ただし，海水の密度は $\rho = 1025\,\text{kg/m}^3$，大気圧は 1 atm $= 101.3\,\text{kPa}$，重力加速度は $g = 9.807\,\text{m/s}^2$ とする．

[3.4] 図 3.10 に示したように，円筒容器が角速度 ω で回転している場合について，その液面の形を求めよ．

第4章 流体の動力学の基礎

　第3章では，流体が静止しているとして考えたが，流体が流れをもつ場合はどうなるのだろうか．

　本章では，流体の運動の基本的な取り扱い方，流体粒子としての流体の運動，流体の連続性について学ぶ．また，流体の粘性を無視した場合の流体粒子の変形と回転について述べる．さらに，流体の加速度を固体の場合と比較して述べ，運動方程式，ベルヌーイの式，運動量の法則についても解説する．

キーワード	定常流れ，流線，流管，連続の式，オイラーの運動方程式，ベルヌーイの定理，運動量の法則

4.1 □ 1次元，2次元および3次元流れ

流れを，模式的に表現すると，図 4.1 のように分けることができる．

図 (a) の **1次元流れ**（one dimensional flow）は，管内の流れのように，流れの諸量が流れに垂直な断面の平均値で表すことができる場合などであり，一つの空間座標で記述される場合である．

図 (b) の **2次元流れ**（two dimensional flow）は，二つの空間座標で表現できる場合であり，端の影響が小さいとみなせる比較的長い円柱まわりの流れや翼幅の長い翼

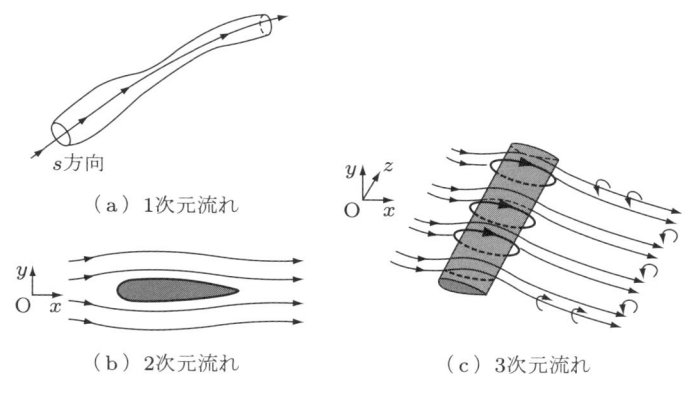

図 4.1　1次元，2次元および3次元流れ

まわりの流れなどである．

　流れの一般的な表現は，図 (c) の **3 次元流れ**（three dimensional flow）となる．直角座標系 (x, y, z) に対するその速度成分を (u, v, w) とすれば，

$$u(x,y,z,t), \quad v(x,y,z,t), \quad w(x,y,z,t)$$

で与えられる．

4.2 定常流れと非定常流れ

　流速や圧力などが，流体の位置を固定して観察したとき，時間に依存せず変化しない場合を**定常流れ**（steady flow）という．また，流れの状態が時間と共に変化する流れを**非定常流れ**（unsteady flow）という．

　定常流れか非定常流れかは，観察の仕方によってどちらにも定義できる場合がある．たとえば，水路で一定の流量を流していても，幅の狭いところに流体がくれば速度が増すように，特定の流体粒子に着目すれば非定常流れにみえる．しかし，固定した任意の一点でみれば定常流れである．このように観察の仕方を変えれば定常流れにみえる流れは，流体力学では定常流れとして扱う．

　観察の仕方を変えても非定常流れである場合として，振動流や過渡流れが挙げられる．振動流としては，物体の後方にできる渦が変動する場合や，津波，容器内の液面の揺動（スロッシング），水面の波，配管内の流体が周期的な変動をしたり，血管内の血液が脈打つ（脈動という）流れなどである．過渡流れは，ある流れの状態から別の流れの状態へ移行する途中の流れであり，容器の栓を開けたときの流れ始めから定常状態になるまでの流れなどである．

例題 4.1
つぎに述べる流れは，どのような流れかを述べよ．
　(1) ダムの水門を開けたときの水の流れ
　(2) パイプラインによって輸送されるときの原油
　(3) 走行列車内の洗面容器内の水面
　(4) 気流が安定しているところを航行する航空機まわりの気流

▷ 解
　(1) 非定常流れの過渡流れである．
　(2) 一定時間内で定まった量の油が送られる場合は，定常流れである．遠くまで輸送するために用いるポンプが原因で流れに脈動が加わる場合は，非定常流れの振動流となる．

(3) 非定常流れの振動流である．
(4) 定常流れである．

4.3 流体粒子と流体の運動

2.1節で説明したように，流体は無数の微小な流体の塊，すなわち流体粒子からなっている．この流体粒子の運動が流体の運動である．ニュートンの運動の第2法則 $f = ma$（f は力，m は物体の質量，a は加速度）によれば，力を受ける対象となる物体は同一のものでなければならない．しかし，流体の運動の場合，固定された位置に次々と新たな流体粒子がやってくる．このため，流体粒子をどのように観察するかが大切となる．このやり方としてつぎの二つの方法がある．

(1) ラグランジュ（Lagrange）の方法　　流体粒子が時間と共にどのように運動するかを追跡する方法である．たとえば，滝やダムなどから一定の水量が水路に流れ込んでいるとする．この水路幅が変化している場合に，流れていく木の葉を観察していると，水路幅の広いところではゆっくり流れ，狭いところでは速く流れることがわかる．また流体粒子に目印を付けることができれば，同じことが観察されるはずである．

図 4.2 に示すように，いかだに乗って流れを観察すると，川幅が狭くなると流速が増していることが体感できる．このように，いかだから体感した状況を記述するのが，この方法である．固体の運動でロケットが打ち上げられたときや，自動車が急発進するときの状況を物体に着目して観察するときもこの方法による．ラグランジュの方法は，一つの流体粒子の運動について経路や加速度を知るのに便利である．

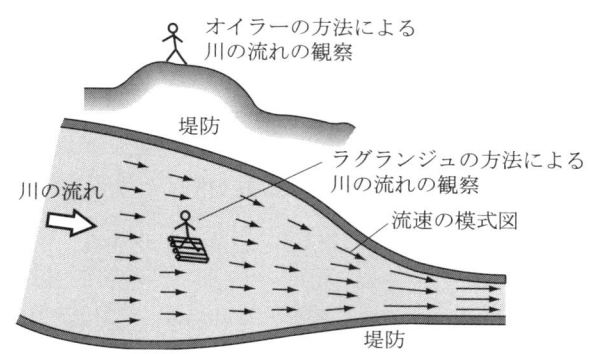

図 4.2　流体の運動の観察と表現方法

(2) **オイラー（Euler）の方法**　特定の流体粒子を追跡するのでなく，それぞれの時刻において，空間に固定された観測点を通過する流体粒子の運動や力学を調べ，流れ場全体の様子を明らかにする方法である．たとえば，固体の運動では，数多くの貨車が連結された列車が踏み切りを一定の速度で通過する場合，観察している地点の目前の貨車も，去っていった貨車も同じ速度である．しかし，流体力学の場合，一定の流量が流れている水路の定常流れであっても，水路幅が一定でないときは，観察している目前のある幅の水路の流速と，別の位置での異なる幅の水路の流速とでは速度が変化している．すなわち，流速は時間でなく位置によって変化することを表現する必要がある．これは，図 4.2 でいうと，川の流れ全体を高いところから観察する方法である．

このように，オイラーの方法は，流速や圧力を座標 (x, y, z) や時間 t の関数として，流れ場全体の様子を調べる方法である．もちろん，非定常流れでは，これらの位置による変化に時間による変化の項を加えなければならない．

4.4 流線と流管

流線（stream line）とは，図 4.3 に示すように，流れ場のある瞬間の速度ベクトルを位置を変化させて描き，それらを包絡した曲線，すなわち，流れの中に描いた曲線の各点における接線の方向が流速の方向と一致する曲線をいう．

いま，2 次元流れを考えて，速度ベクトル $\boldsymbol{V}$ の x, y 方向成分を u, v，流線の微小部分である線素 $d\boldsymbol{s}$ の成分を dx, dy とすれば，

$$\frac{dx}{u} = \frac{dy}{v} \tag{4.1}$$

の関係が成り立つ．これを**流線の式**（equation of stream line）という．

図 4.4 に示すように，流れの中のある閉曲線上の各点を通る流線を引くと，流線よ

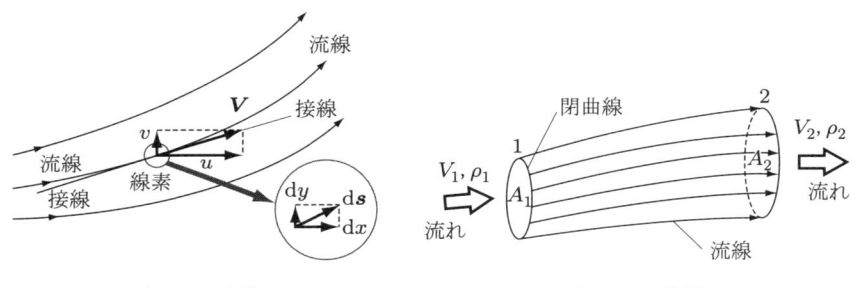

図 4.3　流線

図 4.4　流管

りなる一つの管ができる．これを**流管**（stream tube）という．

一方，流体粒子のつながりが描く軌跡を**流脈**（streak line）という．これは，たとえば煙突から吐き出された煙が突然の横風により乱されて示す流れの軌跡などであり，ある点で放出された過去の流体粒子から現在までの流体粒子を，空間的にある瞬間を表示していることになる．また，特定の流体粒子がたどる軌跡を**流跡**（path line）という．大気中を漂う風船などは流体の流跡を示すことになり，一つの流体粒子に着目して時間的な経過を表示していることになる．

これらは，流れが非定常流れの場合に認められる現象で，定常流れのときは流線，流脈および流跡は一致する．

なお，非定常流れのときは速度ベクトルが時間と共に変化しているので，流線は瞬間ごとに変化することになる．

例題■4.2
茶碗に水を一杯に満たしてある．この水面に小さな軽いごみが浮かんでいるとする．このごみを箸やスプーンでつまみ出そうとしたり，すくおうとしたりしてもなかなかできない．なぜだろうか．

▷ **解** 箸やスプーンを水の中で動かすとき，流線ができる．小さな軽いごみはこの流線上を動く．箸やスプーンでつまんだり，すくったりすることは，この流線を断ち切ることになり，このため，ごみが小さくて軽ければ軽いほど箸やスプーンには近づかないで，離れようとする．

4.5 連続の式

図 4.4 に示した流管において，任意の二つの断面を取り上げ，それを断面 1 と断面 2 とする．この二つの断面間において，断面積 A_1 を通して単位時間の間に流れ込む流体の質量は $\rho_1 V_1 A_1$ である．一方，断面 2 から流出する流体の質量は $\rho_2 V_2 A_2$ である．流れが定常のとき側面からの流体の出入りがないから**質量保存の法則**（conservation of mass）より，

$$\rho_1 V_1 A_1 = \rho_2 V_2 A_2 \tag{4.2}$$

となる．これを**連続の式**（equation of continuity）という．とくに，非圧縮性流体の場合は密度 ρ が一定なので，

$$VA = \text{const.} \tag{4.3}$$

となる．この式は圧縮性がないときは，流管内で流速とその断面が逆比例することを意味する．

例題 ◨ 4.3
式 (4.1) で示すような x–y 座標で定義される 2 次元流れに関して，図 4.5(a) のような微小な直方体 $\mathrm{d}x\mathrm{d}y$ からなる検査体積を取り上げて，2 次元流れの連続の式を求めよ．

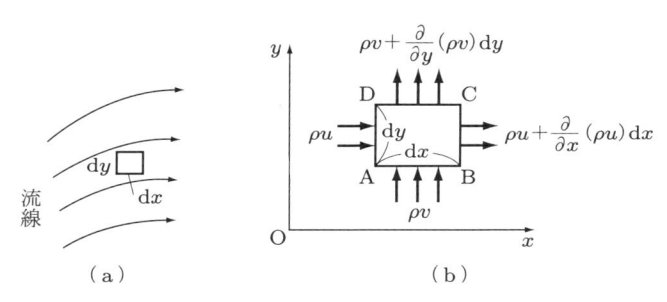

図 4.5　2 次元流れの連続の式

▷ **解**　2 次元流れの中に固定した微小な直方体 $\mathrm{d}x\mathrm{d}y$ を取り出し，図 4.5(b) に示すような検査体積 ABCD を考える．ここで，紙面に垂直な厚みは単位長さとする．面 AD と面 AB を通して微小時間 $\mathrm{d}t$ に流入する流体の質量は，

$$\rho u \mathrm{d}t \cdot \mathrm{d}y + \rho v \mathrm{d}t \cdot \mathrm{d}x = (\rho u \mathrm{d}y + \rho v \mathrm{d}x)\mathrm{d}t \qquad ①$$

となる．一方，検査体積 ABCD から面 BC と面 CD を通じて流出する質量は，微小項を無視すると，

$$\left[\rho u + \frac{\partial}{\partial x}(\rho u)\mathrm{d}x\right]\mathrm{d}y\mathrm{d}t + \left[\rho v + \frac{\partial}{\partial y}(\rho v)\mathrm{d}y\right]\mathrm{d}x\mathrm{d}t \qquad ②$$

となる．よって，流入，流出する流体の質量の変化は，検査体積内の質量が増加するときを正とすると，①の質量から②の質量を引くと

$$-\left[\frac{\partial}{\partial x}(\rho u) + \frac{\partial}{\partial y}(\rho v)\right]\mathrm{d}x\mathrm{d}y\mathrm{d}t$$

となる．
　ところで，微小時間 $\mathrm{d}t$ 内に，密度が変化することによる検査体積内の質量の増加は，

$$\left[\rho \mathrm{d}x\mathrm{d}y + \frac{\partial(\rho \mathrm{d}x\mathrm{d}y)}{\partial t}\mathrm{d}t\right] - \rho \mathrm{d}x\mathrm{d}y = \frac{\partial \rho}{\partial t}\mathrm{d}x\mathrm{d}y\mathrm{d}t$$

である．流体が途切れることなく流れるためには，両者が等しくなければならない

ので，
$$-\left[\frac{\partial}{\partial x}(\rho u) + \frac{\partial}{\partial y}(\rho v)\right] \mathrm{d}x\mathrm{d}y\mathrm{d}t = \frac{\partial \rho}{\partial t}\mathrm{d}x\mathrm{d}y\mathrm{d}t$$

となり，$\mathrm{d}x\mathrm{d}y\mathrm{d}t$ で割ると，
$$\frac{\partial \rho}{\partial t} + \frac{\partial}{\partial x}(\rho u) + \frac{\partial}{\partial y}(\rho v) = 0$$

が得られる．これが **2 次元流れの連続の式**である．定常流れで密度が変化しないときの連続の式は，つぎのようになる．
$$\frac{\partial u}{\partial x} + \frac{\partial v}{\partial y} = 0$$

4.6 流体の変形と回転

流体粒子は運動によっていろいろな形態になるが，どのように複雑な流れであっても単純な運動の組み合わせで表現できる．

図 4.6 に示す長方形の流体粒子 ABCD を考える．各辺の長さは微小長さ $\mathrm{d}x$, $\mathrm{d}y$ とする．点 A における x, y 方向の速度成分 $u_\mathrm{A}, v_\mathrm{A}$ をそれぞれ u, v で表すとき，点 B, C, D においても次式が得られる．

$$\left.\begin{aligned}
&u_\mathrm{A} = u, \quad v_\mathrm{A} = v \\
&u_\mathrm{B} = u + \frac{\partial u}{\partial x}\mathrm{d}x, \quad v_\mathrm{B} = v + \frac{\partial v}{\partial x}\mathrm{d}x \\
&u_\mathrm{C} = u + \frac{\partial u}{\partial x}\mathrm{d}x + \frac{\partial u}{\partial y}\mathrm{d}y, \quad v_\mathrm{C} = v + \frac{\partial v}{\partial x}\mathrm{d}x + \frac{\partial v}{\partial y}\mathrm{d}y \\
&u_\mathrm{D} = u + \frac{\partial u}{\partial y}\mathrm{d}y, \quad v_\mathrm{D} = v + \frac{\partial v}{\partial y}\mathrm{d}y
\end{aligned}\right\} \quad (4.4)$$

上式の点 C の速度成分を書き換えると，

$$\left.\begin{aligned}
u_\mathrm{C} &= u + \frac{\partial u}{\partial x}\mathrm{d}x + \frac{1}{2}\left(\frac{\partial v}{\partial x} + \frac{\partial u}{\partial y}\right)\mathrm{d}y - \frac{1}{2}\left(\frac{\partial v}{\partial x} - \frac{\partial u}{\partial y}\right)\mathrm{d}y \\
v_\mathrm{C} &= v + \frac{\partial v}{\partial y}\mathrm{d}y + \frac{1}{2}\left(\frac{\partial v}{\partial x} + \frac{\partial u}{\partial y}\right)\mathrm{d}x + \frac{1}{2}\left(\frac{\partial v}{\partial x} - \frac{\partial u}{\partial y}\right)\mathrm{d}x
\end{aligned}\right\} \quad (4.5)$$

となり，

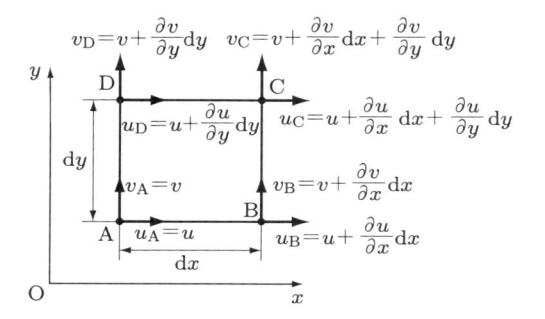

$$a = \frac{\partial u}{\partial x}, \quad b = \frac{\partial v}{\partial y} \tag{4.6}$$

$$h = \frac{1}{2}\left(\frac{\partial v}{\partial x} + \frac{\partial u}{\partial y}\right) \tag{4.7}$$

$$\omega = \frac{1}{2}\left(\frac{\partial v}{\partial x} - \frac{\partial u}{\partial y}\right) \tag{4.8}$$

と記号を置き換えると，式 (4.4), (4.5) はつぎのように表される．

$$\left.\begin{aligned}
&u_A = u, \quad v_A = v \\
&u_B = u + a\,dx, \quad v_B = v + (h+\omega)\,dx \\
&u_C = u + a\,dx + (h-\omega)dy, \quad v_C = v + b\,dy + (h+\omega)dx \\
&u_D = u + (h-\omega)\,dy, \quad v_D = v + b\,dy
\end{aligned}\right\} \tag{4.9}$$

上式からわかるように，点 A, B, C, D における速度成分は異なるため，時間がたてば流体粒子は元の長方形から変形することがわかる．以下，a, b, h, ω が変形に対してもつ物理的な意味を調べることにする．

(1) **伸縮変形** $a \neq 0, b \neq 0, h = \omega = 0$ のとき，式 (4.9) の速度成分は，

$$\left.\begin{aligned}
&u_A = u, \quad v_A = v \\
&u_B = u + a\,dx, \quad v_B = v \\
&u_C = u + a\,dx, \quad v_C = v + b\,dy \\
&u_D = u, \quad v_D = v + b\,dy
\end{aligned}\right\} \tag{4.10}$$

となる．図 4.7 は，ある瞬間の流体粒子の形状を ABCD とし，上式による速度に基づいて単位時間経過後の流体粒子の形状を A′B′C′D′ として，点 A と A′ を一致するように重ね合わせた図である．これから流体粒子が**伸縮**していることがわかる．a と b は流体が途切れることがない条件により，$b = -a$ となる．すなわち，a, b は x, y 方向に伸び縮みする割合を示すことが定義からもわかる．

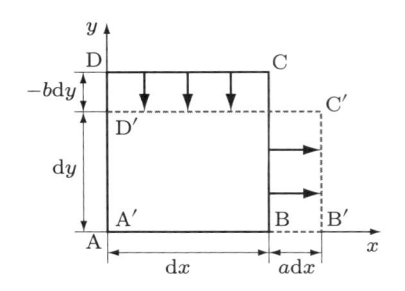

図 4.7 流体粒子の伸縮変形

(2) **せん断変形** $h \neq 0, a = b = \omega = 0$ のとき，式 (4.9) の速度成分は，

$$\left.\begin{array}{ll} u_A = u, & v_A = v \\ u_B = u, & v_B = v + h\mathrm{d}x \\ u_C = u + h\mathrm{d}y, & v_C = v + h\mathrm{d}x \\ u_D = u + h\mathrm{d}y, & v_D = v \end{array}\right\} \tag{4.11}$$

となる．図 4.8 は，上式による速度に基づいて単位時間経過後の流体粒子の形状をもとの形状に重ね合わせた図である．もとの長方形の流体粒子 ABCD はひし形の流体粒子 A′B′C′D′ に変形すること，すなわち**せん断変形**することがわかる．

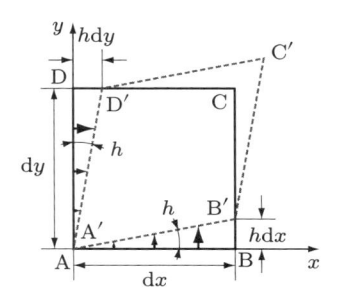

図 4.8 流体粒子のせん断変形

(3) **回転**　$\omega \neq 0$, $a = b = h = 0$ のとき，式 (4.9) の速度成分は，

$$\left.\begin{array}{ll} u_A = u, & v_A = v \\ u_B = u, & v_B = v + \omega\mathrm{d}x \\ u_C = u - \omega\mathrm{d}y, & v_C = v + \omega\mathrm{d}x \\ u_D = u - \omega\mathrm{d}y, & v_D = v \end{array}\right\} \quad (4.12)$$

となる．上式に基づいて，単位時間後の流体粒子の形状をもとの流体粒子の形状に重ね合わせて描くと，図 4.9 が得られる．もとの長方形 ABCD は全体に反時計方向に回転して，元と同じ形状の長方形 A′B′C′D′ に**回転移動**したことがわかる．

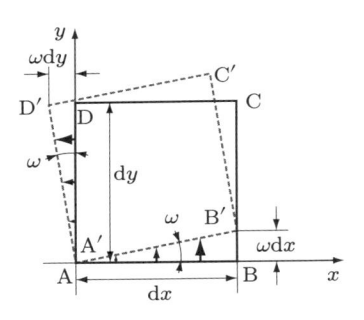

図 4.9　流体粒子の回転

4.7 流体粒子の加速度

これまでは流体の速度について考えてきたが，ここでは流体の加速度について考える．

(1) **運動する物体の場合**　物体の運動において，物体の加速度はある時間 t から微小時間 $\mathrm{d}t$ 経過後に，速度が v から $v + \mathrm{d}v$ に変化したとすると，この物体の加速度 a はつぎのようになる．

$$a = \frac{(v + \mathrm{d}v) - v}{\mathrm{d}t} = \frac{\mathrm{d}v}{\mathrm{d}t} \quad (4.13)$$

式 (4.13) は，物体の運動を速度に着目して，どのように変化しているかを**ラグランジュの方法**により観察していることになる．速度を時間で積分すれば，物体の位置を明らかにできる．

(2) **流体粒子の場合**　流体がたとえば水平に置かれた断面積の変化する管路を一定

の流量で流れている場合，時間が経過しても流量は変化していないが，断面が変わるために流体の速度が変化し，加速度が生じる．すなわち，定常流れであっても管壁から外力を受けて速度は変化しているのである．これは，固体がその形を変えるのは応力に対応するひずみ程度の小さい変化であるが，流体は巨視的には自身が定まった形をもたない特性により，管の断面に応じて形を変化させるからである．

流体粒子の運動において，流体粒子の速度は，時間の経過と，その位置の移動によって変化する．2次元流れを考えると，流体粒子の x, y 方向の速度成分 u, v は，

$$u = u(x,y,t), \quad v = v(x,y,t)$$

と表すことができる．いま，時刻 t に点 (x,y) にあった流体粒子が微小時間 $\mathrm{d}t$ 後に点 $(x+\mathrm{d}x, y+\mathrm{d}y)$ に移動したとする．この点の流体粒子の速度を $u(x+\mathrm{d}x, y+\mathrm{d}y, t+\mathrm{d}t)$, $v(x+\mathrm{d}x, y+\mathrm{d}y, t+\mathrm{d}t)$ とすると，これらはテーラー展開を適用して高次の微小項を省略すると，次式が得られる．

$$\left. \begin{aligned} u(x+\mathrm{d}x, y+\mathrm{d}y, t+\mathrm{d}t) &= u(x,y,t) + \frac{\partial u}{\partial x}\mathrm{d}x + \frac{\partial u}{\partial y}\mathrm{d}y + \frac{\partial u}{\partial t}\mathrm{d}t \\ v(x+\mathrm{d}x, y+\mathrm{d}y, t+\mathrm{d}t) &= v(x,y,t) + \frac{\partial v}{\partial x}\mathrm{d}x + \frac{\partial v}{\partial y}\mathrm{d}y + \frac{\partial v}{\partial t}\mathrm{d}t \end{aligned} \right\} \quad (4.14)$$

ここで，微小時間 $\mathrm{d}t$ 間の流体粒子の移動量 $\mathrm{d}x$, $\mathrm{d}y$ は，$\mathrm{d}x = u\mathrm{d}t$, $\mathrm{d}y = v\mathrm{d}t$ と表すことができるので，流体粒子の x 方向の加速度 a_x は，

$$a_x = \frac{u(x+\mathrm{d}x, y+\mathrm{d}y, t+\mathrm{d}t) - u(x,y,t)}{\mathrm{d}t} = \frac{\partial u}{\partial t} + u\frac{\partial u}{\partial x} + v\frac{\partial u}{\partial y} \quad (4.15)$$

となる．同様に，y 方向の加速度 a_y は，

$$a_y = \frac{v(x+\mathrm{d}x, y+\mathrm{d}y, t+\mathrm{d}t) - v(x,y,t)}{\mathrm{d}t} = \frac{\partial v}{\partial t} + u\frac{\partial v}{\partial x} + v\frac{\partial v}{\partial y} \quad (4.16)$$

となる．式 (4.15), (4.16) で，右辺の第 1 項は流速が時間的に変化することにより生じる加速度で，**局所加速度**（local acceleration）という．右辺第 2 項，第 3 項は，流体粒子が位置的に移動したことにより生じる速度変化分に対応する加速度で，**対流加速度**（convective acceleration）という．両者の合計として流体の加速度が求められ，それを**実質加速度**（substantial acceleration）という．これは，**オイラーの方法**で記述していることになる．式 (4.15), (4.16) で現れる右辺の微係数は，

$$\frac{D}{Dt} = \frac{\partial}{\partial t} + u\frac{\partial}{\partial x} + v\frac{\partial}{\partial y} \quad (4.17)$$

と表すと便利で，D/Dt はラグランジュ微分（Lagrange derivative）という．これは，流体粒子の運動に従った微分のことで，**実質微分**（substantive derivative），**粒子微分**（particle derivative），あるいは**物質微分**（material derivative）ともいう．ラグランジュの方法では，式 (4.17) の代わりに $D/Dt = \partial/\partial t$ となる．

4.8 ⊕ オイラーの運動方程式

図 4.10(a) に示すような流れの中にある微小直方体の流体粒子の運動を考えよう．この流体粒子にニュートンの運動の第 2 法則を適用してみる．

ここでは 2 次元流れとし，流体粒子は図 (b) のような ABCD であり，$dz = 1$ の単位厚みとする．まず，x 方向の運動方程式を求める．質量と x 方向の加速度の積は，前述の実質加速度を使って，

$$\rho \mathrm{d}x\mathrm{d}y \cdot a_x = \rho \mathrm{d}x\mathrm{d}y \frac{Du}{Dt} = \rho \left[\frac{\partial u}{\partial t} + u\frac{\partial u}{\partial x} + v\frac{\partial u}{\partial y} \right] \mathrm{d}x\mathrm{d}y \tag{4.18}$$

となる．流体粒子に作用する力は，圧力による力と，**体積力**（body force）または質量力という流体粒子の質量に作用する重力などの力である．

流体粒子の ABCD に作用する圧力の x 方向成分は，

$$p\mathrm{d}y - \left(p + \frac{\partial p}{\partial x}\mathrm{d}x \right)\mathrm{d}y = -\frac{\partial p}{\partial x}\mathrm{d}x\mathrm{d}y \tag{4.19}$$

となる．一方，x 方向成分の単位質量あたりに作用する体積力を X とすると，流体粒子 ABCD に作用する体積力の x 方向成分は，

$$\rho \mathrm{d}x\mathrm{d}y \cdot X = \rho X \mathrm{d}x\mathrm{d}y \tag{4.20}$$

となる．よって，流体粒子 ABCD の x 方向の**運動方程式**は次式となる．

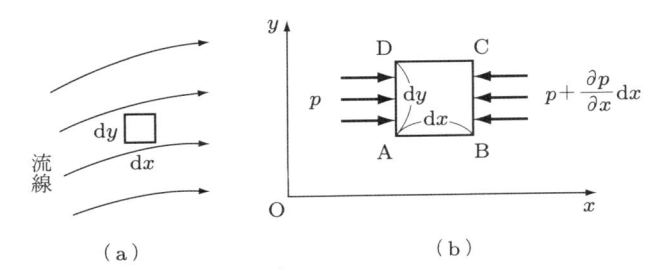

図 4.10 2 次元流れの中の微小流体粒子

$$\rho\left[\frac{\partial u}{\partial t}+u\frac{\partial u}{\partial x}+v\frac{\partial u}{\partial y}\right]\mathrm{d}x\mathrm{d}y=-\frac{\partial p}{\partial x}\mathrm{d}x\mathrm{d}y+\rho X\mathrm{d}x\mathrm{d}y \tag{4.21}$$

上式の両辺を $\rho \mathrm{d}x\mathrm{d}y$ で割ると，x 方向の運動方程式は，

$$\frac{Du}{Dt}=\frac{\partial u}{\partial t}+u\frac{\partial u}{\partial x}+v\frac{\partial u}{\partial y}=-\frac{1}{\rho}\frac{\partial p}{\partial x}+X \tag{4.22}$$

となる．同様に，y 方向の運動方程式は次式となる．

$$\frac{Dv}{Dt}=\frac{\partial v}{\partial t}+u\frac{\partial v}{\partial x}+v\frac{\partial v}{\partial y}=-\frac{1}{\rho}\frac{\partial p}{\partial y}+Y \tag{4.23}$$

これらは2次元非粘性流れに関する**オイラーの運動方程式**（Euler's equation of motion）といい，右辺第1項を**圧力項**，第2項を**体積力項**という．

ここでは，以上のように流体粒子に作用する粘性を無視することにより，流体の運動方程式を考えた．

4.9 ベルヌーイの定理

前節では，2次元流れを例にとってオイラーの運動方程式を求めた．ここではもっとも単純な場合として，非圧縮，非粘性の理想流体の流体粒子に対するオイラーの運動方程式を流線に沿って求め，これを積分して流体のエネルギーを考えてみよう．

図 4.11(a) に示すように，流線に沿って座標 s をとり，それに垂直方向の座標を n とする．2次元流れを仮定し，紙面に垂直な方向の長さを単位長さとして，流体粒子の大きさを $\mathrm{d}s\mathrm{d}n$ とする．流線に沿う速度を V とすると，流線に沿う流体流子の**実質加速度**は，4.7 節より次式で与えられる．

$$\frac{DV}{Dt}=\frac{\partial V}{\partial t}+V\frac{\partial V}{\partial s} \tag{4.24}$$

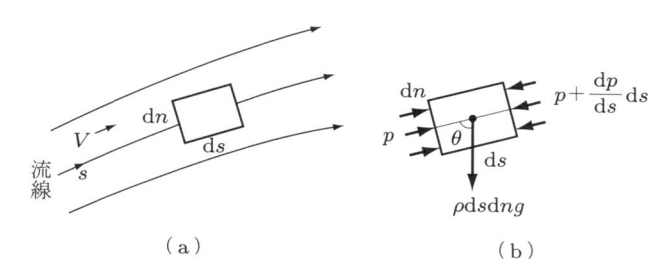

図 **4.11** 流線に沿った流体粒子の運動と作用する力

定常流れと仮定すると $\partial V/\partial t = 0$ であり,質量と加速度の積は,

$$\rho \mathrm{d}s\mathrm{d}n \frac{DV}{Dt} = \rho \mathrm{d}s\mathrm{d}n \cdot V \frac{\partial V}{\partial s} = \rho \mathrm{d}s\mathrm{d}n \cdot \frac{\mathrm{d}}{\mathrm{d}s}\left(\frac{V^2}{2}\right) \tag{4.25}$$

となる.一方,図 (b) に示すように,圧力による力は,

$$p\mathrm{d}n - \left(p + \frac{\mathrm{d}p}{\mathrm{d}s}\mathrm{d}s\right)\mathrm{d}n = -\mathrm{d}s\mathrm{d}n \cdot \frac{\mathrm{d}p}{\mathrm{d}s} \tag{4.26}$$

であり,体積力は,重力の流れ方向成分であるので,

$$-\rho \mathrm{d}s\mathrm{d}n \cdot g\cos\theta$$

となる.ここで,θ は流線方向と鉛直方向のなす角度であり,g は重力加速度である.ニュートンの運動の第 2 法則より,流線に沿う流体粒子の**オイラーの運動方程式**は,

$$\rho \mathrm{d}s\mathrm{d}n \cdot \frac{\mathrm{d}}{\mathrm{d}s}\left(\frac{V^2}{2}\right) = -\mathrm{d}s\mathrm{d}n \cdot \frac{\mathrm{d}p}{\mathrm{d}s} - \rho \mathrm{d}s\mathrm{d}n \cdot g\cos\theta$$

となり,これを整理すると

$$\frac{\mathrm{d}}{\mathrm{d}s}\left(\frac{V^2}{2}\right) = -\frac{1}{\rho}\frac{\mathrm{d}p}{\mathrm{d}s} - g\cos\theta \tag{4.27}$$

が得られる.z を鉛直上向きにとると,次式の関係があるので,

$$\cos\theta = \frac{\mathrm{d}z}{\mathrm{d}s} \tag{4.28}$$

となる.これを式 (4.27) に適用し,s に沿って積分すると,

$$\frac{V^2}{2} + \int \frac{\mathrm{d}p}{\rho} + gz = C \tag{4.29}$$

となる.ここで,C は積分定数である.さらに,ρ を一定とすると,上式は

$$\frac{V^2}{2} + \frac{p}{\rho} + gz = C \tag{4.30}$$

となる.この式の左辺の第 1 項は流体の単位質量あたりの**運動エネルギー** (kinematic energy),第 2 項は**圧力エネルギー** (pressure energy),そして第 3 項は**位置エネルギー** (potential energy) を表す.全項の和を**全エネルギー** (total energy) という.すなわち,全エネルギーは一つの流線に沿って一定であることがわかる.この式 (4.30) を非圧縮・定常流れの**ベルヌーイの式** (Bernoulli's equation),またはベルヌーイの

定理 (Bernoulli's theorem) という．

オイラーの運動方程式を積分すると，エネルギーに関するベルヌーイの式が得られるという関係は，機械力学の 1 自由度のばね・質量系の運動方程式（x は変位，m は質量，k はばね定数）

$$m\ddot{x} + kx = 0 \tag{4.31}$$

に，$\dot{x}$ をかけて積分すると，

$$\frac{1}{2}m\dot{x}^2 + \frac{1}{2}kx^2 = C \tag{4.32}$$

が得られ，運動エネルギー $m\dot{x}^2/2$ と位置のエネルギー $kx^2/2$ の和が一定になるのと類似 (analogy) である．

以下，ベルヌーイの定理の応用として，トリチェリの定理，ピトー管の原理，ベンチュリ管について，例題で学んでみよう．

例題 ■ 4.4

図 4.12 に示すような排水口のある水槽がある．このとき排水口からの流速を得る式を求めよ．ただし，排水口から測った水面の高さを h とし，水槽に比べて排水口が十分に小さいとする．

▷ 解　水槽の容積に比べて排水口が単位時間に噴出する水量は十分小さいので，水面の流速はゼロとみなせる．また，水面および排水口は大気に接しており，大気圧である．図に示す代表的な流線に対して，水面と流体が噴出する位置とにベルヌーイの定理を適用すると，

$$p_0 + \rho g h = \frac{1}{2}\rho u^2 + p_0$$

となる．ここで，p_0 は大気圧，u は排水口における水の流速であり，この値は

$$u = \sqrt{2gh}$$

と得られる．この式を**トリチェリ** (Torricelli) **の定理**という．

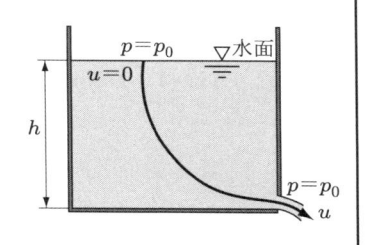

図 4.12　水槽からの流体の噴出

例題 ■ 4.5

図 4.13 に示すように，密度 ρ の非圧縮・定常流れの中に，**ピトー管** (Pitot tube)，または**ピトー静圧管** (Pitot-static tube) という流速測定装置が置かれている．図

4.9 ベルヌーイの定理

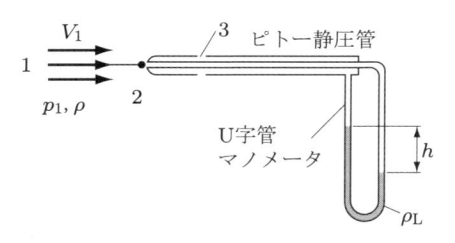

図 4.13 ピトー管

中の U 字管マノメータが密度 ρ_L の液柱差 h を示すとき，この流れの流速を求めよ．ただし，点 1, 2, 3 は流れの図示した位置に相当する．また，流体は気体とし，気柱差は液柱差に比べて無視できるとする．

▷ **解** 流れがよどんだ点を含む流線に着目するとき，点 1 はピトー管の影響を受けない上流の位置，点 2 は流れがせき止められている，よどんだ点であり，流速がゼロになる位置である．このような位置を**よどみ点** (stagnation point) という．また，点 2 のように，流速がゼロになるよどみ点の圧力 p_2 を**よどみ点圧力** (11.4.1 項参照) という．点 3 は点 2 でせき止められた流体が速度を回復し，流速，圧力が点 1 の上流と同じになる位置と考えられる．これらにベルヌーイの式を適用すると，点 1 と点 2 間では，よどみ点 2 においては流速がゼロなので，

$$\frac{V_1^2}{2} + \frac{p_1}{\rho} = \frac{p_2}{\rho}$$

となる．V_1 について解くと，次式となる．

$$V_1 = \sqrt{\frac{2}{\rho}(p_2 - p_1)}$$

点 3 の圧力は上流点 1 と同じに戻っているので，$p_3 = p_1$ であり，p_2 と p_3 の圧力差を計測すれば，p_2 と p_1 の圧力差が求まり，上式より流速 V_1 が得られる．

U 字管マノメータ内の液柱差は h であるから，

$$p_2 - p_3 = \rho_L g h$$

の関係があるから，これを上式に代入することにより，

$$V_1 = \sqrt{\frac{2\rho_L g h}{\rho}}$$

を得る．なお，管壁に直角に開けられた小さな孔より取り出された圧力 p_3，すなわち上流の位置の p_1 を**静圧** (static pressure)，$\rho V_1^2/2$ を**動圧** (dynamic pressure) という．

例題■4.6

図 4.14 に示すようなくびれ部のある管をベンチュリ管 (Venturi tube) といい, 管内の流速を測るのに使われる. 一様断面 1 とくびれ部の断面 2 の断面積, 流速および静圧を, それぞれ A_1, A_2, V_1, V_2 および p_1, p_2 とし, 流体の密度は一定で ρ とするとき, 管内の流速を求めよ. なお, 断面 1 と断面 2 での U 字管マノメータによる液位差は h とする.

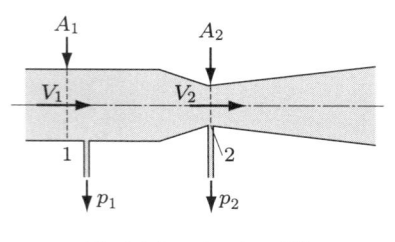

図 4.14 ベンチュリ管

▷ **解** 断面 1 と断面 2 に, ベルヌーイの式を適用すると,

$$\frac{V_1^2}{2} + \frac{p_1}{\rho} = \frac{V_2^2}{2} + \frac{p_2}{\rho}$$

となる. また, 連続の式より, $V_1 A_1 = V_2 A_2$ であるから, くびれ部の速度 V_2 を消去すれば, 両断面間の圧力差は,

$$p_1 - p_2 = \frac{1}{2}\rho V_1^2 \left(\frac{A_1^2}{A_2^2} - 1\right)$$

となる. 一方, 断面 1 と断面 2 の液柱の高度差が h と計測されるとき, $p_1 - p_2 = \rho g h$ であるから, 流速 V_1 はつぎのように得られる.

$$V_1 = \sqrt{\frac{2gh}{(A_1^2/A_2^2) - 1}}$$

管内の流れが一様でないときや, くびれ部で第 7 章「円管内の流れ」で述べる**縮流**などが起きるときは精度が落ちる.

4.10 運動量の法則

質点の力学では, ニュートンの運動の第 2 法則より, 力を f, 質量を m, 速度を u とすれば, 次式が成り立つ.

$$f = \frac{d}{dt}(mu) \tag{4.33}$$

これは, 運動量 mu の時間的変化は, 作用する力 f に等しいことを示している. この法則を流体力学にも適用すると, 流体の運動は, 連続の式, 運動方程式などを用いて解くより, 解析が容易になる場合がある.

図 4.15 に示すような流れの検査面があり, これをある時間の断面 1, 2 間の流体と

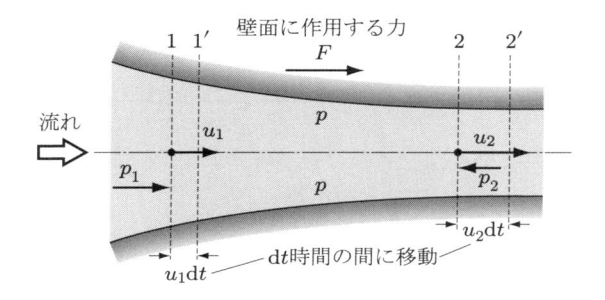

図 4.15 運動量の法則を適用する流れ

する．また，これが dt の微小時間後に断面 $1'$, $2'$ に移動したとする．この間の運動量の変化を考える．

$d(mu)$ は断面 $1'$, $2'$ 間と断面 1, 2 間との運動量差であり，断面 1, $1'$ 間の運動量 $(\rho_1 A_1 u_1 dt) u_1$ は dt 時間後に減少する運動量であり，断面 2, $2'$ 間の運動量 $(\rho_2 A_2 u_2 dt) u_2$ は dt 時間後に増加する運動量であるので，断面 $1'$, $2'$ 間の単位時間あたりの増加した運動量は，

$$\frac{d(mu)}{dt} = (\rho_2 A_2 u_2) u_2 - (\rho_1 A_1 u_1) u_1 \tag{4.34}$$

となる．一方，検査体積内の流体に作用する力 f は，粘性による壁面せん断応力と重力などの体積力を無視すると，断面 1 と 2，および壁面から流体が受ける圧力による力の総和であり，

$$f = p_1 A_1 - p_2 A_2 + \int_1^2 p dA \tag{4.35}$$

となる．ニュートンの運動の第 2 法則より，式 (4.33) からつぎの**運動量の式**が得られる．

$$p_1 A_1 - p_2 A_2 + \int_1^2 p dA = (\rho_2 A_2 u_2) u_2 - (\rho_1 A_1 u_1) u_1 \tag{4.36}$$

また，流体が壁面に作用する力 F は，作用・反作用により

$$F = -\int_1^2 p dA \tag{4.37}$$

であり，流量は $Q_1 = A_1 u_1$, $Q_2 = A_2 u_2$ であるから，式 (4.36) は，

$$F = (\rho_1 Q_1 u_1 - \rho_2 Q_2 u_2) + (p_1 A_1 - p_2 A_2) \tag{4.38}$$

となり，同じく運動量の式を表す．これが流体力学における**運動量の法則**（momentum principle）である．

例題 ◨ 4.7

図 4.16 に示すように，静止した平板に流速 u の噴流が垂直に作用しているとする．この平板に作用する力 F を求めよ．ただし，流体の密度は ρ，流量は Q とする．

▷ **解** 運動量の式 (4.38) を適用するとき，$u_1 = u$，$u_2 = 0$ である．また，圧力は大気圧 p_0 を基準にとると，噴流の出口も板の表面も大気圧であるから，$p_1 = p_2 = p_0 = 0$ となる．よって，力 F はつぎのように得られる．

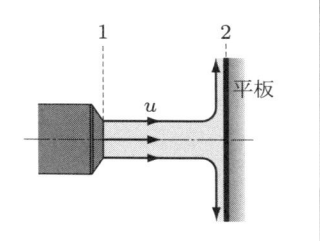

$$F = \rho Q u$$

図 4.16 静止平板に作用する噴流

例題 ◨ 4.8

図 4.17 に示す曲がりパイプに一様な水が流れているとする．入口部 1 の流速は $u_1 = 5\,\mathrm{m/s}$，圧力は $p_1 = 2.0 \times 10^5\,\mathrm{Pa}$，パイプの直径は $d_1 = 0.1\,\mathrm{m}$ とする．出口部 2 は同じく $p_2 = 1.0 \times 10^5\,\mathrm{Pa}$，$d_2 = 0.05\,\mathrm{m}$ とする．水の流れが曲がりパイプに作用する力を求めよ．ただし，水平面内とし，水の自重などの体積力は考えないでよく，水の密度は $\rho = 1000\,\mathrm{kg/m^3}$ とする．

▷ **解** 連続の式 (4.2) より，$u_1 A_1 = u_2 A_2$ であり，

$$u_2 = u_1 \frac{A_1}{A_2} = 5 \times \left(\frac{d_1}{d_2}\right)^2 = 5 \times \left(\frac{0.1}{0.05}\right)^2 = 20\,\mathrm{m/s}$$

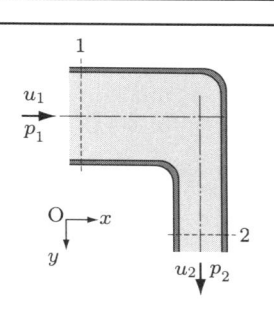

図 4.17 曲がったパイプに作用する流体力

となる．式 (4.38) を x 方向と y 方向に適用すると，流体が壁面に作用する x 方向の力 F_x は，x 方向では，$\rho = \rho_1 = \rho_2$，$Q = Q_1 = Q_2$ であるから，

$$F_x = \rho Q (u_{1x} - u_{2x}) + [(p_1 A_1)_x - (p_2 A_2)_x]$$

となる．ここで，$u_{1x} = u_1$，$u_{2x} = 0$，$(p_1 A_1)_x = p_1 A_1$，$(p_2 A_2)_x = 0$ だから，

$$F_x = \rho Q u_1 + p_1 A_1 = \rho u_1^2 A_1 + p_1 A_1 = (1000 \times 5^2 + 2 \times 10^5) \times \frac{\pi d_1^2}{4}$$
$$= 2.25 \times 10^5 \times \frac{\pi \times (0.1)^2}{4} = 1.767 \times 10^3\,\mathrm{N} = 1.77\,\mathrm{kN}$$

となる．同様に，y 方向は，

$$F_y = \rho Q \left(u_{1y} - u_{2y}\right) + \left[(p_1 A_1)_y - (p_2 A_2)_y\right]$$

となる．ここで，$u_{1y} = 0$, $u_{2y} = u_2$, $(p_1 A_1)_y = 0$, $(p_2 A_2)_y = p_2 A_2$ を上式に代入すると，つぎのようになる．

$$\begin{aligned}
F_y &= -\rho Q u_2 - p_2 A_2 = -\rho u_2^2 A_2 - p_2 A_2 \\
&= -\left(1000 \times 20^2 + 1 \times 10^5\right) \times \frac{\pi d_2^2}{4} \\
&= -5 \times 10^5 \times \frac{\pi \times (0.05)^2}{4} = -981.7\,\mathrm{N} = -0.982\,\mathrm{kN}
\end{aligned}$$

例題 4.9

図 4.18 に示すような静止した曲板があり，これに噴流が作用し，方向が θ だけ変えられたとする．流体の密度を ρ，流量を Q，流速を u としてこの曲板に作用する力を求めよ．

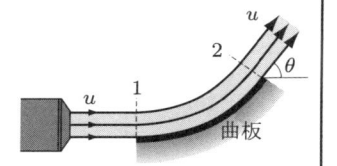

図 4.18 静止した曲板に作用する噴流

▷ **解** 図の断面 1, 2 間において，流体が曲がった板に作用する力の x, y 方向成分を F_x, F_y とする．それぞれの方向に運動量の法則を適用する．式 (4.38) において $Q_1 = Q_2 = Q$, $\rho_1 = \rho_2 = \rho$ とし，さらに圧力は大気圧 p_0 を基準とすると，$p_1 = p_2 = p_0 = 0$ となるから，

$$\begin{aligned}
F_x &= \rho Q \left(u - u\cos\theta\right) = \rho Q u \left(1 - \cos\theta\right) \\
F_y &= \rho Q \left(-u\sin\theta\right) = -\rho Q u \sin\theta
\end{aligned}$$

となる．曲がった板に作用する合力 F の大きさおよびその方向は，つぎのようになる．

$$\begin{aligned}
F &= \sqrt{F_x^2 + F_y^2} = \rho Q u \sqrt{2\left(1 - \cos\theta\right)} \\
\alpha &= \tan^{-1}\left(\frac{F_y}{F_x}\right) = \tan^{-1}\left(-\frac{\sin\theta}{1 - \cos\theta}\right)
\end{aligned}$$

例題 4.10

図 4.19 に示すように，ノズルから水の噴流が移動体に搭載した半円上の羽根（翼ともいう）に作用しているとする．流量は $Q\,[\mathrm{m^3/s}]$ で，噴流の断面積は $A\,[\mathrm{m^2}]$ とする．移動体は噴流によってノズルから $v\,[\mathrm{m/s}]$ で遠ざかる．ノズルは移動体と切り

離されて，静止しており，噴流の速度は静止位置から観測して $u\,[\mathrm{m/s}]$ である．羽根に作用する噴流の力 F，移動体に伝達される動力 H，および伝達動力が最大になる移動体の速度を求めよ．ただし，噴流の流速はノズル出口から羽根までの間，拡散しないとし，すべて大気圧とする．

▷ **解** ノズルから噴出される流体の速度は，静止位置から観測すると，$u = Q/A$ である．羽根と噴流の相対速度は，入口部の断面 1 で，

$$u_{r1} = u - v$$

となる．一方，出口部の断面 2 では，

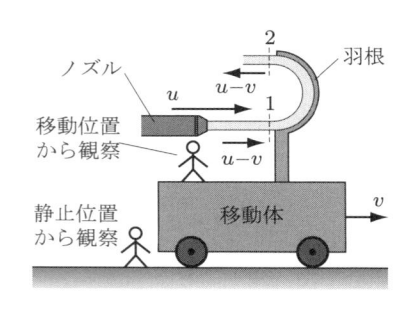

$$u_{r2} = -(u - v)$$

図 **4.19** 噴流によって移動する羽根

である．また，$A = A_1 = A_2$，$\rho = \rho_1 = \rho_2$ で，圧力は大気圧 p_0 を基準とすると，$p_1 = p_2 = p_0 = 0$ となる．羽根に流入，流出する流量 Q_1, Q_2 は，移動体に乗って観察すると，$Q_1 = Q_2 = (u-v)A$ である．これらを式 (4.38) に代入すると，噴流が羽根に作用する力 F は，

$$F = \rho\left(Q_1 u_{r1} - Q_2 u_{r2}\right) = \rho A\left[(u-v)^2 + (u-v)^2\right] = 2\rho A (u-v)^2$$

移動体に伝達される動力 H は，

$$H = vF = 2\rho Av(u-v)^2$$

となり，伝達される動力が最大になる移動体の速度は，$(\mathrm{d}H/\mathrm{d}v) = 0$ で与えられる．すなわち，

$$\frac{\mathrm{d}H}{\mathrm{d}v} = 2\rho A(u-v)^2 - 4\rho Av(u-v) = 2\rho A(v-u)(3v-u) = 0$$

より，$v = u/3$ となる．

4.11 ⊞ 角運動量の法則

質点に作用する力のモーメントは，角運動量の時間変化に等しいが，この関係は運動量の法則と同様，流体にも成り立つ．

4.11 角運動量の法則

図 4.20 に示すように，流体が点 O を中心として旋回しながら流出しているとする．流れは単位厚みの 2 次元流れとし，半径 r_1 の断面と r_2 の断面との間にある流体が，微小時間 dt の後に，半径 r_1' の断面と r_2' の断面との間に移動したとする．

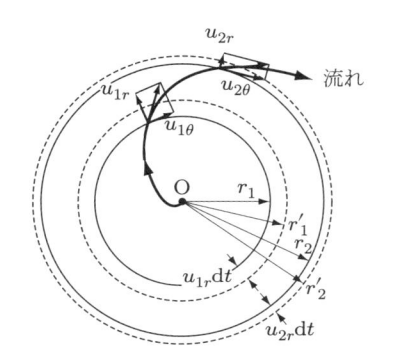

図 4.20 角運動量の法則を適用する流れ

半径 r_1, r_1' の断面間の角運動量は，この区間の質量が $\rho_1 2\pi r_1 u_{1r} dt$ であり，これに円周方向の速度 $u_{1\theta}$ と半径 r_1 を乗じると，角運動量 $(\rho_1 2\pi r_1 u_{1r} dt) u_{1\theta} \cdot r_1$ として得られる．これは dt 時間後に失われる角運動量である．一方，半径 r_2, r_2' の断面間の角運動量 $(\rho_2 2\pi r_2 u_{2r} dt) u_{2\theta} \cdot r_2$ は，dt 時間後に増加する角運動量モーメントであるので，単位時間あたり増加した角運動量は両者の差として，

$$M = \frac{d(mu_\theta r)}{dt} = (\rho_2 2\pi r_2 u_{2r}) u_{2\theta} \cdot r_2 - (\rho_1 2\pi r_1 u_{1r}) u_{1\theta} \cdot r_1 \tag{4.39}$$

となる．ここに，M は流体に作用する力のモーメント，m は流体の質量，u_θ は円周方向流速，r は点 O からの半径，ρ_1, ρ_2 は半径 r_1, r_2 における流体の密度，u_{1r}, u_{2r} は半径 r_1, r_2 における流速の半径方向成分，$u_{1\theta}$, $u_{2\theta}$ は半径 r_1, r_2 における流速の円周方向成分である．

Q_1, Q_2 をそれぞれ半径 r_1, r_2 の断面を通過する流量とすれば，$Q_1 = 2\pi r_1 u_{1r}$ および $Q_2 = 2\pi r_2 u_{2r}$ であり，

$$M = \rho_2 Q_2 u_{2\theta} r_2 - \rho_1 Q_1 u_{1\theta} r_1 \tag{4.40}$$

となる．連続の式 $\rho_1 Q_1 = \rho_2 Q_2 = \rho Q$ が成り立つときは次式となる．

$$M = \rho Q (u_{2\theta} r_2 - u_{1\theta} r_1) \tag{4.41}$$

これが流体力学における**角運動量の法則**である．

例題 ◨ 4.11

図 4.21 に示すような三つのノズルのあるスプリンクラーにおいて,直径 $d_1 = 0.02\,\mathrm{m}$ のパイプで,水が流速 $u_1 = 0.15\,\mathrm{m/s}$ で供給されているとする.三つのノズルの向きは,各ノズルの先端を含む円の接線に対して $\theta = 45°$ の角度で外側に向かって水を噴出する.また,スプリンクラーの三つのパイプの直径は $d_2 = 0.002\,\mathrm{m}$,スプリンクラーの旋回の半径に相当するパイプの長さは $r = 0.1\,\mathrm{m}$ とする.このときの噴流のノズルに対する相対速度 u_2 を求めよ.つぎに,スプリンクラーに水が流れ出したとき,スプリンクラーに作用するモーメントを求めよ.また,スプリンクラーの角速度を求めよ.ただし,圧力損失やスプリンクラーの回転部による摩擦などの損失が無視できるとする.また,水の密度は $\rho = 1000\,\mathrm{kg/m^3}$ とする.

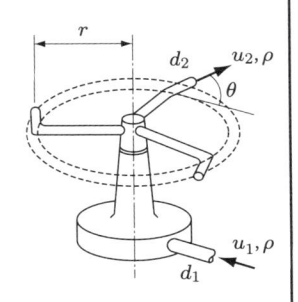

図 4.21 スプリンクラー

▷ **解** ノズルから噴出される水の相対速度は,三つのノズルの流れが均等とすると,連続の式 (4.2) より,密度は一定だから,

$$u_1 \frac{\pi d_1^2}{4} = 3 u_2 \frac{\pi d_2^2}{4}$$

となる.よって

$$u_2 = \frac{u_1}{3} \left(\frac{d_1}{d_2}\right)^2 = \frac{0.15}{3} \times \left(\frac{0.02}{0.002}\right)^2 = 5\,\mathrm{m/s}$$

となる.

スプリンクラーに作用するモーメント M_R は,圧力損失やスプリンクラーの回転部の摩擦などの損失が無視できるとしたとき,作用・反作用の法則より,式 (4.41) の角運動量の式から得られる.ここで,$u_{2\theta} = u_2 \cos\theta = 5 \times \cos 45°$, $r_2 = r = 0.1\,\mathrm{m}$, $u_{1\theta} = 0$, $r_1 = 0$ とおけるから,

$$\begin{aligned}
M_\mathrm{R} &= -\rho Q u_{2\theta} r_2 = -\rho \left(\frac{\pi d_1^2}{4} \cdot u_1\right) \cdot u_2 \cos 45° \cdot r_2 \\
&= -1000 \times \frac{\pi \times (0.02)^2}{4} \times 0.15 \times 5 \times \frac{1}{\sqrt{2}} \times 0.1 \\
&= -1000 \times 0.3142 \times 10^{-3} \times 0.15 \times 5 \times 0.7071 \times 0.1 \\
&= -0.01666\,\mathrm{kg \cdot m^2/s^2} = -0.0167\,\mathrm{Nm}
\end{aligned}$$

となる.

また,スプリンクラーの角速度 ω は,圧力損失や回転部の損失が無視できるとす

ると，ノズルから噴出する水の相対速度の円周方向成分がスプリンクラーの円周速度になるので，

$$u_2 \cos\theta = u_2 \cos 45° = \omega \cdot r$$

の関係になり，スプリンクラーの角速度 ω はつぎのように得られる．

$$\omega = \frac{u_2 \cdot (1/\sqrt{2})}{r} = \frac{5}{0.1 \times \sqrt{2}} = 35.36 = 35.4\,\mathrm{rad/s} = 5.63\,\mathrm{rps} = 338\,\mathrm{rpm}$$

実際は，圧力損失や回転時の損失があるので，スプリンクラーの角速度はこれより低くなる．

演習問題

[4.1] ラグランジュの方法とオイラーの方法との相違について説明せよ．

[4.2] 流線と流管について説明せよ．

[4.3] 局所加速度，および対流加速度について物理的な意味を説明せよ．

[4.4] 2次元流れにおいて，直角のコーナーをまわる流れは，x方向の流速は $u = Ax$，y方向の流速は $v = -Ay$ で表されることを証明せよ．

[4.5] 流体は複雑な運動をしても，単純な運動の組み合わせで表現できる．これらの運動を示せ．

[4.6] 例題 4.5 に示したピトー管で空気の流速を測った．流速が $20\,\mathrm{m/s}$ のとき，マノメータの液柱差の読みを求めよ．ただし，マノメータの液体として水を用い，大気圧，室温 $20\,°\mathrm{C}$ とする．

[4.7] 図 4.22 に示す水平に配置された $90°$ の曲がり管がある．この中を水が流れている．曲がり管が受ける力の大きさと方向を求めよ．ただし，管の直径 $d = 20\,\mathrm{cm}$，流量 $Q = 5\,\mathrm{m^3/min}$，水の密度 $\rho = 1.0 \times 10^3\,\mathrm{kg/m^3}$ である．また，管の入口部や出口部の静圧は $1000\,\mathrm{Pa}$ とする．管壁と流れの間の摩擦力および重力の影響は無視できるとする．

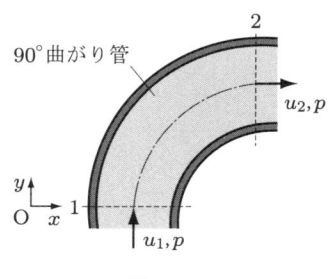

図 4.22

[4.8] 図 4.23 に示すように，流量 Q_1，断面積 A_1，流速 u_1 の水の噴流が，水平面内で噴流の中心軸に対して角度 θ の平板に衝突する場合を考える．ただし，平板は十分大きく，水と平板間の摩擦力は無視できるものとし，水の密度は ρ とする．噴流は平板に衝突後，水平面内で流量 Q_2, Q_3 に分かれて流れる．この流量を求めよ．

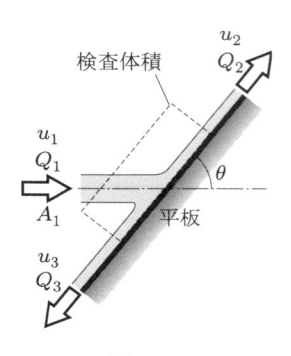

図 4.23

第5章 理想流体の流れ

　粘性がなく，さらに圧縮性のない理想化した流体を**理想流体**（ideal fluid）という．**完全流体**（perfect fluid）も同等の意味であるが，圧縮性はあるが粘性がない流れを意味して区別することもある．理想流体は数学的取り扱いが容易で，理論解が得られるので，流れ現象を理解する基礎として重要である．さらに，実在の流体に対しても，粘性の影響の大きい物体まわりの薄い流体領域を境界層流れ（第9章参照）として取り扱えば，外側の全体的な流れ場を知るのに有用である．

　本章では，理想流体の流れについて学ぶ．

> **キーワード**　理想流体，渦流れ，循環，速度ポテンシャル，流れ関数，複素ポテンシャル，ダランベールの背理，クッタ−ジューコフスキーの定理

5.1 渦流れと循環

　流れは，渦流れと渦なし流れに分けられる．まず，渦流れについて学ぼう．

5.1.1 ■ 渦度と渦流れ

　非圧縮・非粘性の2次元流れにおいて，直角座標系の x, y 方向の速度成分をそれぞれ u, v とするとき，u, v が

$$u = -\frac{\zeta}{2}y, \quad v = \frac{\zeta}{2}x \tag{5.1}$$

であるとすると，それらの速度分布は図 5.1(a) のようになる．なぜこのようになるかは，後ほどの式 (5.4)〜(5.8) よりわかる．原点より $r = \sqrt{x^2 + y^2}$ の位置の速度 V は，

$$V = \sqrt{u^2 + v^2} = \frac{\zeta}{2}\sqrt{x^2 + y^2} = \frac{\zeta}{2}r \tag{5.2}$$

となる．したがって，速度の大きさは原点からの距離 r に比例し，図 5.1(a) より角速度 $\zeta/2$ で回転している流れとなる．式 (5.1) より ζ は，

(a) 渦度と速度分布　　(b) 渦線と渦管

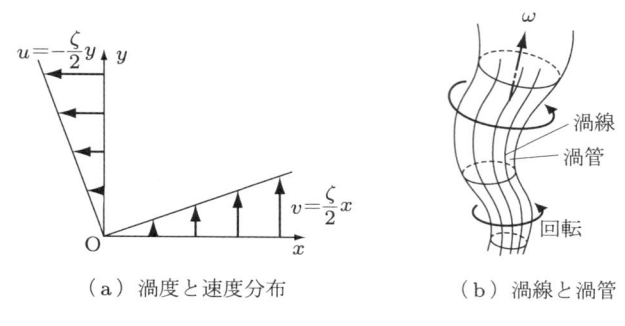

図 5.1　渦流れ

$$\zeta = \frac{\partial v}{\partial x} - \frac{\partial u}{\partial y} \tag{5.3}$$

となる．これを**渦度**（vorticity）といい，流体粒子の回転速度の2倍の値であり，第4章で述べたように，回転角速度 ω と

$$\zeta = 2\omega \tag{5.4}$$

の関係がある．このような流れを**渦流れ**（rotational flow），または**回転流れ**という．これを3次元で考えるとき流線と同様，図(b)に示すように，2次元の渦を連ねて**渦線**（vortex line）という．流線の集合が流管を作るように，渦線が集まって一つの束を作るとき，**渦管**（vortex tube）といい，断面が無限に小さい渦管を考えるとき，これを**渦糸**（vortex filament）という．

図 5.2 に示すように，流体中に閉曲線 C をとり，s を閉曲線に沿う長さ，V を閉曲線上の任意の点 P における速度，θ を速度とその点での閉曲線の接線とのなす角とするとき，循環 Γ は，

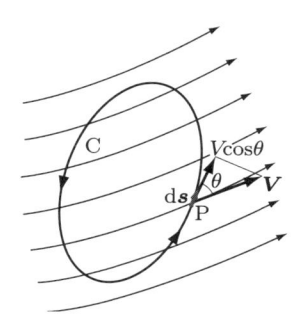

図 5.2　閉曲線に沿う循環

$$\varGamma = \oint_C V\cos\theta \mathrm{d}s \tag{5.5}$$

で定義される．積分の方向は図に示すように反時計まわりを正とする．また，式 (5.5) をベクトルで表示すると，

$$\varGamma = \oint_C \boldsymbol{V} \cdot \mathrm{d}\boldsymbol{s} \tag{5.6}$$

となる．ここで，直角直交座標系の x, y 方向の単位ベクトルを $\boldsymbol{i}, \boldsymbol{j}$ とすると，速度ベクトルは速度成分を u, v として $\boldsymbol{V} = u\boldsymbol{i} + v\boldsymbol{j}$ であり，閉曲線の微小線素は $\mathrm{d}\boldsymbol{s} = \mathrm{d}x\boldsymbol{i} + \mathrm{d}y\boldsymbol{j}$ と表せる．これらを式 (5.6) に代入すると，循環 $\varGamma$ は次式のようにも表せる．

$$\varGamma = \oint_C (u\mathrm{d}x + v\mathrm{d}y) \tag{5.7}$$

5.1.2 ■ 渦度と循環

つぎに，渦度と循環の関係を考える．図 5.3 に示すように，流れ場の中にある微小部分 ABCD を考え，各辺の長さを $\mathrm{d}x, \mathrm{d}y$ とする．この微小部分を反時計まわりの閉曲線としたとき，点 A における速度を u, v とすると，AB 上では速度は u，CD 上では積分の向きに対して $-(u + \partial u/\partial y \cdot \mathrm{d}y)$ となる．同様に，DA 上では $-v$，BC 上では $v + \partial v/\partial x \cdot \mathrm{d}x$ となる．微小部分の ABCD まわりの循環を $\mathrm{d}\varGamma$ とし，これらを式 (5.7) の左辺，右辺に代入すると，

$$\begin{aligned}\mathrm{d}\varGamma &= u\mathrm{d}x + \left(v + \frac{\partial v}{\partial x}\mathrm{d}x\right)\mathrm{d}y - \left(u + \frac{\partial u}{\partial y}\mathrm{d}y\right)\mathrm{d}x - v\mathrm{d}y \\ &= \left(\frac{\partial v}{\partial x} - \frac{\partial u}{\partial y}\right)\mathrm{d}x\mathrm{d}y = \zeta \mathrm{d}A\end{aligned} \tag{5.8}$$

となる．ここに，$\mathrm{d}A = \mathrm{d}x\mathrm{d}y$ は微小部分 ABCD の面積である．このように，循環 $\mathrm{d}\varGamma$

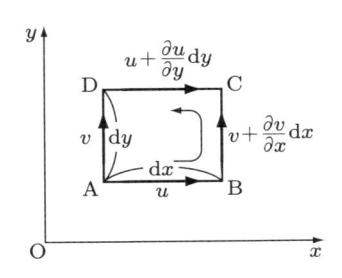

図 5.3 微小部分 ABCD のまわりの循環

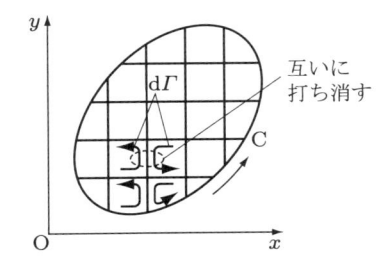

図 5.4 閉曲線 C 内の分割された微小部分

は，この領域内に存在する渦度 ζ と面積 dA の積に等しくなることがわかる．また，式 (5.1) とおくことで，解析が簡潔になっていることがわかる．

つぎに，図 5.4 に示すように，閉曲線 C を微小部分に分割し，この微小部分が図 5.3 に対応するので，式 (5.8) を用いて各微小部分の周辺に沿って循環 $d\Gamma$ を求める．これらの総和は，

$$\Gamma = \int d\Gamma = \iint_A \left(\frac{\partial v}{\partial x} - \frac{\partial u}{\partial y} \right) dxdy = \iint_A \zeta dA \tag{5.9}$$

となる．微小部分における各辺の速度の線積分の向きは，隣接する微小部分の線積分の向きと反対であり，互いに打ち消される．残るのは周辺の閉曲線 C に沿う速度の線積分のみである．よって，ある領域内の渦度の面積積分はその領域を囲む閉曲線 C に沿う循環 Γ に等しくなる．すなわち，式 (5.7)，(5.9) より

$$\oint_C (udx + vdy) = \iint_A \left(\frac{\partial v}{\partial x} - \frac{\partial u}{\partial y} \right) dxdy \tag{5.10}$$

となる．これを**ストークスの定理** (Stokes' theorem) という．これより，閉曲線を貫通する渦がない場合は，$\zeta = 0$ であり，循環 Γ はゼロであることがわかる．逆に，渦があるとき，これを取り巻く閉曲線の大きさによって循環は変わらないことになる．

また，一つの渦がある場合，循環はどの断面をとっても一定であるので，式 (5.8) より渦度，すなわち回転の角速度と渦の断面積との積は一定である．すなわち，渦の断面積が小さくなったところでは角速度が大きく，断面積が大きくなったところでは角速度は小さくなる．この関係と，流管の速度と断面積の積が一定の関係を対比すると，渦が流体中で急に発生したり，消滅したりしないことがわかる．さらに，一つの渦は流体中に端をもたないことで，渦は閉じているか，流体の境界面に端をもつか，無限遠方に続くかである．

煙の輪が閉じている場合や，竜巻の一端が地面，他端が雲につながっているのもこの例である．

例題 ■ 5.1

図 5.5(a) に示すような柱状の 3 次元の渦管の模式図に関して，どの断面をとっても循環は変わらないことを示せ．

▷ **解** 図 (b) に示すように，アミカケした部分に渦管があるとする．これを取り巻く閉曲線を C とし，この閉曲線に沿っての循環は Γ であるとする．一方，この閉曲線 C をさらに取り巻く任意の閉曲線を C′ とし，この循環を Γ' とする．閉曲線 C と閉曲線 C′ との間に渦がないときは，つぎに示す循環はゼロになる．ここで，閉曲線 C と閉曲線 C′ とを点 A と点 B で結び，図に示す 2 本の結ぶ線は限りなく

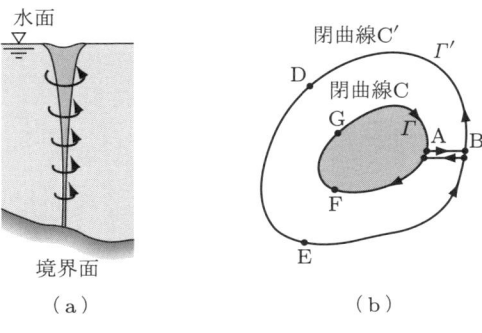

図 5.5　渦に対する法則

近接しているとする．式 (5.7) より

$$\Gamma_{\text{ABDEBAFGA}} = \Gamma_{\text{AB}} + \Gamma_{\text{BDEB}} + \Gamma_{\text{BA}} + \Gamma_{\text{AFGA}} = 0 \quad \text{①}$$

となる．ここで，$\Gamma_{\text{AB}} = \int_{\text{AB}} (u\mathrm{d}x + v\mathrm{d}y)$，$\Gamma_{\text{BA}} = \int_{\text{BA}} (u\mathrm{d}x + v\mathrm{d}y)$ であるから，

$$\Gamma_{\text{AB}} + \Gamma_{\text{BA}} = 0$$

となる．また，

$$\Gamma_{\text{BDEB}} = \Gamma_{\text{C}'} = \oint_{\text{C}'} (u\mathrm{d}x + v\mathrm{d}y) = \Gamma'$$

$$\Gamma_{\text{AFGA}} = -\Gamma_{\text{C}} = -\oint_{\text{C}} (u\mathrm{d}x + v\mathrm{d}y) = -\Gamma$$

となる．これらを式①に代入すると，$\Gamma' - \Gamma = 0$ となり，

$$\Gamma = \Gamma'$$

である．この関係より，渦を取り巻く曲線の大きさによって循環は変化しないことがわかる．ここでは，2次元の平面について述べたが，3次元の曲面についても成り立つ．したがって，どの曲面をとっても，渦管を一周する循環は一定である．これは，渦が無限の遠方まで続くということを意味する．ただし，実際の流体では，粘性のために渦は次第に消えていく．また，渦は急に発生しないと述べたが，粘性によって新しくできることになる．

5.2 ⊞ 渦なし流れと速度ポテンシャル

つぎに，渦なし流れについて学ぼう．

5.2.1 ■ 速度ポテンシャル

一般に，流れは渦度がいたるところゼロのとき，すなわち，

$$\zeta = \frac{\partial v}{\partial x} - \frac{\partial u}{\partial y} = 0 \tag{5.11}$$

のとき，**渦なし流れ** (irrotational flow)，または**非回転流れ**という．式 (5.10) のストークスの定理より，渦なし流れでは，任意の閉曲線まわりの循環はゼロになり，図 5.6 に示すような ABCD で表される閉曲線では，次式が成り立つ．

$$\Gamma = \oint_{\mathrm{ABCD}} (u\mathrm{d}x + v\mathrm{d}y) = 0 \tag{5.12}$$

すなわち，任意の点 A, C を通る閉曲線 ABCD に沿う速度の線積分はゼロになる．上式の一周積分を分割すると，

$$\int_{\mathrm{ABC}} (u\mathrm{d}x + v\mathrm{d}y) + \int_{\mathrm{CDA}} (u\mathrm{d}x + v\mathrm{d}y) = 0 \tag{5.13}$$

となる．上式の左辺の第 2 式を右辺に移項し，積分の向きを反対にすると，

$$\int_{\mathrm{ABC}} (u\mathrm{d}x + v\mathrm{d}y) = -\int_{\mathrm{CDA}} (u\mathrm{d}x + v\mathrm{d}y) = \int_{\mathrm{ADC}} (u\mathrm{d}x + v\mathrm{d}y) \tag{5.14}$$

が得られる．

これより，点 A から点 C に至る経路は ABC でも ADC でもよいことになる．図の閉曲線 ABCD は任意の曲線でよいので，点 A から点 C までの積分は経路によらず 2 点 A, C の位置の関数であることがわかる．すなわち，AC 間の速度の線積分は

$$\int \boldsymbol{V} \mathrm{d}\boldsymbol{s} = \int (u\mathrm{d}x + v\mathrm{d}y) = \phi \tag{5.15}$$

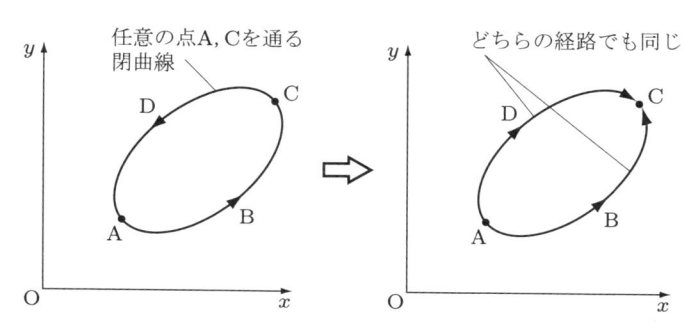

図 5.6 渦なし流れの循環

と表すことができる．ここで，ϕは点Aと点Cの位置で決まる値である．いま点Aを基準にすると，点Cの位置のみの関数になる．この関数ϕを**速度ポテンシャル**（velocity potential）という．

5.2.2 ■ ポテンシャル流れとラプラスの方程式

いま，図5.7に示すように点Pを通る速度ポテンシャルをϕとし，これと微小量だけ離れた速度ポテンシャルを$\phi + \Delta\phi$とする．点Pからx方向に速度uで進み，速度ポテンシャル$\phi + \Delta\phi$に交わった点をQとする．2点PQ間の速度の線積分は，点Pのx座標がxで，点Qのx座標が$x + \Delta x$のとき，$u\Delta x$となる．よって，

$$\Delta\phi = u\Delta x \tag{5.16}$$

となる．同様に，点Pからy方向に速度vで移動し，速度ポテンシャル$\phi + \Delta\phi$と交わる点をRとすると，

$$\Delta\phi = v\Delta y \tag{5.17}$$

が得られる．式(5.16), (5.17)の極限をとると，流速と速度ポテンシャルの関係は，

$$u = \frac{\partial \phi}{\partial x}, \quad v = \frac{\partial \phi}{\partial y} \tag{5.18}$$

となる．速度ポテンシャルϕをx, yの関数として全微分をとると，

$$d\phi = \frac{\partial \phi}{\partial x}dx + \frac{\partial \phi}{\partial y}dy \tag{5.19}$$

であり，これに式(5.18)を代入すると，

$$d\phi = udx + vdy \tag{5.20}$$

が得られる．この式を積分すると，前述のストークスの定理から得られた式(5.15)と

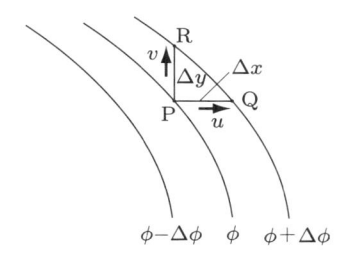

図 5.7 速度ポテンシャルと速度成分の関係

56 第 5 章 理想流体の流れ

同じ式が得られることがわかる．また，式 (5.3) に $u = \dfrac{\partial \phi}{\partial x}, v = \dfrac{\partial \phi}{\partial y}$ を代入すると，

$$\zeta = \frac{\partial v}{\partial x} - \frac{\partial u}{\partial y} = \frac{\partial \phi^2}{\partial x \partial y} - \frac{\partial \phi^2}{\partial x \partial y} = 0 \tag{5.21}$$

となり，式 (5.3) の渦度 ζ はゼロとなり，渦なし流れの条件が満たされていることがわかる．

このことより，渦なし流れには，必ず速度ポテンシャルが存在することから，渦なし流れは，**ポテンシャル流れ**（potential flow）ともいう．また，式 (5.18) の関係を例題 4.3 で述べた 2 次元流れの連続の式に代入すると，

$$\frac{\partial^2 \phi}{\partial x^2} + \frac{\partial^2 \phi}{\partial y^2} = 0 \tag{5.22}$$

が得られ，これを**ラプラスの方程式**（Laplace equation）という．

5.3 流れ関数

ここでは，2 次元流れを考える．図 5.8 に示すように，流れの中に点 A を基準点として定める．これと任意に選んだ点 P を曲線 C で結ぶ．曲線 C を通って単位時間に左から右に流れる流体の体積は，選んだ点 P の関数と考えられるから，

$$\psi(\mathrm{P}) = \int_{\mathrm{A}}^{\mathrm{P}} V_n \mathrm{d}s = \int_{\mathrm{A}}^{\mathrm{P}} \boldsymbol{V} \cdot \boldsymbol{n} \mathrm{d}s \tag{5.23}$$

で与えられる．ここで，$\mathrm{d}\boldsymbol{s}$ は曲線 C の微小線分長さのベクトル，V_n は流速ベクトル $\boldsymbol{V}$ の $\mathrm{d}\boldsymbol{s}$ に垂直な成分である．また，$\boldsymbol{n}$ は曲線 C に対する単位法線ベクトル，$\mathrm{d}s = |\mathrm{d}\boldsymbol{s}|$ である．

図で他の曲線 C' を選んでも C を通る流量は必ず C' も通るから，$\psi(\mathrm{P})$ は曲線 C の選

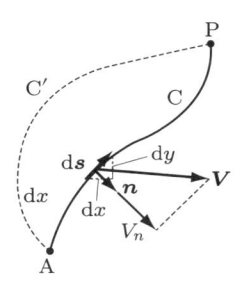

図 **5.8** 流れ関数の定義

び方によらないことがわかる．このため，点 A と点 P との間を通る流量は点 A を固定しているとき P のみの関数になり，この $\psi(\mathrm{P})$ を**流れ関数**（stream function）という．

さらに，直角座標系の x, y 方向の単位ベクトルを $\boldsymbol{i}, \boldsymbol{j}$，速度成分を u, v とすると，$\boldsymbol{V} = u\boldsymbol{i} + v\boldsymbol{j}$, $\mathrm{d}\boldsymbol{s} = \mathrm{d}x\boldsymbol{i} + \mathrm{d}y\boldsymbol{j}$ である．図のように，流体が左から右に流れるときは，ベクトル $\mathrm{d}\boldsymbol{s}$ に対して法線方向の単位ベクトル $\boldsymbol{n}$ は時計まわりに $\pi/2$ の角度だけ回したことになるから，

$$\boldsymbol{n}\mathrm{d}s = \mathrm{d}s\boldsymbol{n} = \mathrm{d}y\boldsymbol{i} - \mathrm{d}x\boldsymbol{j} \tag{5.24}$$

となり，

$$\boldsymbol{V} \cdot \boldsymbol{n}\mathrm{d}s = (u\boldsymbol{i} + v\boldsymbol{j}) \cdot (\mathrm{d}y\boldsymbol{i} - \mathrm{d}x\boldsymbol{j}) = u\mathrm{d}y - v\mathrm{d}x \tag{5.25}$$

が得られる．上式を積分すると，

$$\psi(\mathrm{P}) = \int_\mathrm{A}^\mathrm{P} (u\mathrm{d}y - v\mathrm{d}x) \tag{5.26}$$

であることから，上式の関係より x, y の関数 ψ の全微分は，

$$\mathrm{d}\psi = (-v)\,\mathrm{d}x + u\mathrm{d}y \tag{5.27}$$

の関係となる．一方，$\mathrm{d}\psi$ の全微分の一般的表現は

$$\mathrm{d}\psi = \frac{\partial \psi}{\partial x}\mathrm{d}x + \frac{\partial \psi}{\partial y}\mathrm{d}y \tag{5.28}$$

であるから，式 (5.27), (5.28) より，

$$u = \frac{\partial \psi}{\partial y}, \quad v = -\frac{\partial \psi}{\partial x} \tag{5.29}$$

となる．ところで，

$$\frac{\partial u}{\partial x} = \frac{\partial^2 \psi}{\partial x \partial y}, \quad \frac{\partial v}{\partial y} = -\frac{\partial^2 \psi}{\partial y \partial x} = -\frac{\partial^2 \psi}{\partial x \partial y} \tag{5.30}$$

であるから，

$$\frac{\partial u}{\partial x} + \frac{\partial v}{\partial y} = 0 \tag{5.31}$$

と，例題 4.3 で述べた 2 次元流れの連続の式となる．このように，流れ関数は連続の条件を自動的に満たすことがわかる．**流れ関数の物理的意味**は，ある流線と他の流線

の間を流れる流量をもとにする関数のことである．したがって，ψ が一定の値をもつ点を連ねてできる曲線は流線のことであり，流れ関数は流線を与えることになる．この曲線をこえて流れる流量はゼロである．

5.4 複素速度ポテンシャル

前述したように，2次元渦なし流れでは速度ポテンシャル ϕ と流れ関数 ψ が存在し，式 (5.18), (5.29) より，次式が得られる．

$$\frac{\partial \phi}{\partial x} = \frac{\partial \psi}{\partial y}, \quad \frac{\partial \phi}{\partial y} = -\frac{\partial \psi}{\partial x} \tag{5.32}$$

これらより，つぎの関係が得られる．

$$\frac{\partial \phi}{\partial x}\frac{\partial \psi}{\partial x} + \frac{\partial \phi}{\partial y}\frac{\partial \psi}{\partial y} = 0 \tag{5.33}$$

これは，$\phi = \mathrm{const.}$ の等ポテンシャル線に直交するベクトル $\mathrm{grad}\,\phi$ と $\psi = \mathrm{const.}$ の等流れ関数線に直交するベクトル $\mathrm{grad}\,\psi$ の内積がゼロ，すなわち直交することを意味する．そのため，ϕ と ψ は直交することがわかる．また，複素関数論のコーシー－リーマン（Cauchy-Riemann）の微分方程式を ϕ と ψ が満足していることを示す．

さて，2次元のポテンシャル流れにおいて，任意点 z における速度ポテンシャルと流れ関数が ϕ と ψ であるような z の関数 $W(z)$ は，つぎのように表される．

$$W(z) = \phi(x, y) + i\psi(x, y) \tag{5.34}$$

この関数 $W(z)$ を，**複素速度ポテンシャル**（complex velocity potential）あるいは**複素ポテンシャル**（complex potential）という．ここで，$z = x + iy$ であるから，

$$\frac{\partial W}{\partial x} = \frac{\mathrm{d}W}{\mathrm{d}z}\frac{\partial z}{\partial x} = \frac{\mathrm{d}W}{\mathrm{d}z} \tag{5.35}$$

となり，次式が成り立つ．

$$\frac{\mathrm{d}W}{\mathrm{d}z} = \frac{\partial W}{\partial x} = \frac{\partial}{\partial x}(\phi + i\psi) = \frac{\partial \phi}{\partial x} + i\frac{\partial \psi}{\partial x} = u - iv \tag{5.36}$$

上式より，$W(z)$ を z で微分すると，x, y 方向の速度成分 u, v が得られることがわかる．$u + iv$ を**複素速度**（complex velocity）というのに対し，$u - iv$ を**共役複素速度**（conjugate complex velocity）という．

5.5 複素速度ポテンシャルによる2次元ポテンシャル流れの表現

複素速度ポテンシャルを用いると，いろいろな流れを容易に求めることができる．本節では，いくつかの流れのタイプについて考えてみよう．

5.5.1 ■ 一様流

2次元流れにおいて，x軸と角度αをなす一様流の複素速度ポテンシャルは，次式で与えられる．

$$W(z) = Ue^{-i\alpha}z \tag{5.37}$$

ここで，Uは流速である．$e^{-i\alpha}$に関して，三角関数と指数関数の関係，すなわちオイラーの公式を使うと，

$$\begin{aligned} W(z) &= \phi + i\psi = U(\cos\alpha - i\sin\alpha) \cdot (x + iy) \\ &= U[(x\cos\alpha + y\sin\alpha) + i(-x\sin\alpha + y\cos\alpha)] \end{aligned} \tag{5.38}$$

となり，これより速度ポテンシャルと流れ関数は，

$$\phi = U(x\cos\alpha + y\sin\alpha), \quad \psi = U(-x\sin\alpha + y\cos\alpha) \tag{5.39}$$

となる．また，速度は，式 (5.37) を z で微分すると，

$$\frac{dW}{dz} = Ue^{-i\alpha} = U(\cos\alpha - i\sin\alpha) = u - iv \tag{5.40}$$

となる．したがって，x, y方向の速度成分は

$$u = U\cos\alpha, \quad v = U\sin\alpha \tag{5.41}$$

となる．この場合の流れは図 5.9 のようになる．$\alpha = 0$にすると，x軸に平行な**一様流**となり，速度成分は次式となる．

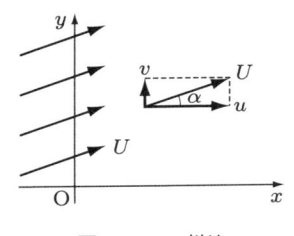

図 5.9 一様流

$$u = U, \quad v = 0 \tag{5.42}$$

5.5.2 ■ 吹出しと吸込み

複素速度ポテンシャルが次式で表される場合を考える．

$$W(z) = m \log z \tag{5.43}$$

ここで，m は実数の定数である．この場合，極座標 (r, θ) で考えたほうが理解しやすいので，$z = re^{i\theta}$ とすると，

$$W(z) = \phi + i\psi = m(\log r + i\theta) \tag{5.44}$$

となり，

$$\phi(r, \theta) = m \log r, \quad \psi(r, \theta) = m\theta \tag{5.45}$$

である．したがって，**等ポテンシャル線** $\phi = \text{const.}$ は，$r = \text{const.}$ の原点を中心とする同心円の曲線を表し，流線を与える $\psi = \text{const.}$ は，$\theta = \text{const.}$ で原点から放射状に引かれた直線を表す．

速度は，式 (5.43) を z で微分すると，

$$\frac{dW(z)}{dz} = \frac{m}{z} = \frac{m}{r}e^{-i\theta} = \frac{m}{r}\cos\theta - i\frac{m}{r}\sin\theta = u - iv \tag{5.46}$$

となり，x, y 方向の速度成分は，

$$u = \frac{m}{r}\cos\theta, \quad v = \frac{m}{r}\sin\theta \tag{5.47}$$

となるので，結局絶対速度 V は，つぎのようになる．

$$V = \sqrt{u^2 + v^2} = \frac{m}{r}, \quad \frac{v}{u} = \tan\theta \tag{5.48}$$

これより，点 (r, θ) の絶対速度は，その大きさは上式の第 1 式より半径 r に反比例し，方向は上式の第 2 式より極座標での θ が一定の径方向にあり，向きは式 (5.47) からわかるように，図 5.10(a) に示すような半径方向に流れ出る流れとなる．$z \to 0$ とすると，$V \to \infty$ で有限値をもたないので，原点は特異点となり，原点を除いた領域の流れを示すことになる．

また，速度成分を極座標表現すると，

$$v_r = \frac{\partial \phi}{\partial r} = \frac{1}{r}\frac{\partial \psi}{\partial \theta}, \quad v_\theta = \frac{1}{r}\frac{\partial \phi}{\partial \theta} = -\frac{\partial \psi}{\partial r} \tag{5.49}$$

（a）吹出し（$m>0$）　　　　（b）吸込み（$m<0$）

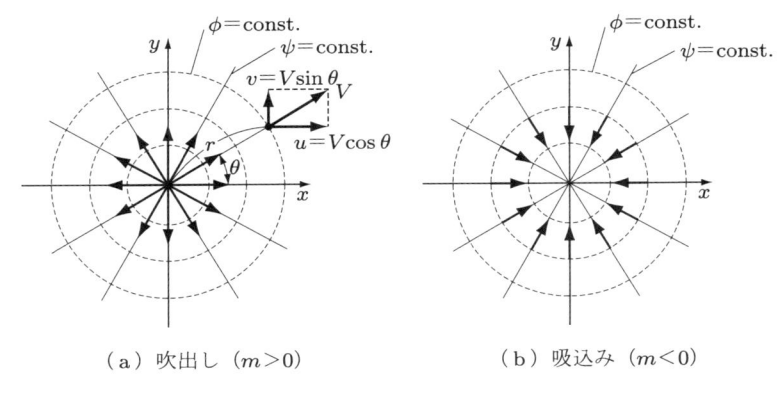

図 5.10　吹出しと吸込み

の関係が成り立つので，半径方向，円周方向の速度は

$$v_r = \frac{m}{r}, \quad v_\theta = 0 \tag{5.50}$$

となる．極座標表現のほうが，x-y 座標表現より流れの状態がわかりやすい．

いま，流量を Q とすると，半径 r の円周上では，

$$V \cdot 2\pi r = \frac{m}{r} \cdot 2\pi r = 2\pi m = Q \tag{5.51}$$

であり，$m = Q/(2\pi)$ となる．このため，m は吹出し・吸込みの強さであり，流量 Q に比例する．$m > 0$ のときは原点から放射状に流出することになり，この場合の流れは図 (a) に示すようになる．この流れを**吹出し流れ**（source flow）という．一方，$m < 0$ のときは原点へ放射状に流れ込むことになり，流れは図 (b) に示すようになる．この流れを**吸込み流れ**（sink flow）という．

例題 5.2

x, y 直交座標系で表現された x, y 方向の速度成分 u, v と速度ポテンシャル ϕ，流れ関数 ψ との関係から，r, θ の極座標系での半径，円周方向の速度成分 v_r, v_θ と速度ポテンシャル ϕ，流れ関数 ψ との関係を表す式を導け．

▷ **解**　極座標系表現の $re^{j\theta}$ は，オイラーの公式を使うと

$$re^{j\theta} = r\cos\theta + jr\sin\theta$$

となる．直交座標系表現の x, y との関係は，

$$x = r\cos\theta, \quad y = r\sin\theta$$

であり，つぎの関係が成り立つ．
$$r = \sqrt{x^2 + y^2}, \quad \theta = \tan^{-1}\left(\frac{y}{x}\right)$$
上式を x で偏微分すると次式が得られる．
$$\frac{\partial r}{\partial x} = \frac{1}{2\sqrt{x^2+y^2}} \cdot 2x = \frac{r\cos\theta}{r} = \cos\theta$$
$$\frac{\partial \theta}{\partial x} = \frac{1}{1+(y/x)^2} \cdot \left(-\frac{y}{x^2}\right) = -\frac{r\sin\theta}{r^2} = -\frac{\sin\theta}{r}$$
同様に y で偏微分すると，
$$\frac{\partial r}{\partial y} = \sin\theta, \quad \frac{\partial \theta}{\partial y} = \frac{\cos\theta}{r}$$
となる．また，x, y 方向の速度成分 u, v と半径，円周方向の速度成分 v_r, v_θ の関係は図 5.11 より，次式となる．
$$v_r = u\cos\theta + v\sin\theta, \quad v_\theta = -u\sin\theta + v\cos\theta$$

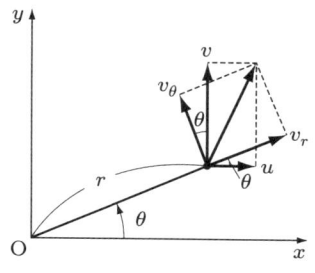

ここで，速度ポテンシャル ϕ に関しては，
$$u = \frac{\partial \phi}{\partial x} = \frac{\partial \phi}{\partial r}\frac{\partial r}{\partial x} + \frac{\partial \phi}{\partial \theta}\frac{\partial \theta}{\partial x} = \frac{\partial \phi}{\partial r}\cos\theta + \frac{\partial \phi}{\partial \theta}\left(-\frac{\sin\theta}{r}\right)$$
$$v = \frac{\partial \phi}{\partial y} = \frac{\partial \phi}{\partial r}\frac{\partial r}{\partial y} + \frac{\partial \phi}{\partial \theta}\frac{\partial \theta}{\partial y} = \frac{\partial \phi}{\partial r}\sin\theta + \frac{\partial \phi}{\partial \theta}\left(\frac{\cos\theta}{r}\right)$$
となり，これを速度成分 u, v と半径，円周方向の速度成分 v_r, v_θ の関係式に代入すると，
$$v_r = \frac{\partial \phi}{\partial r}, \quad v_\theta = \frac{1}{r}\frac{\partial \phi}{\partial \theta}$$

図 5.11 x, y 方向の速度成分 u, v と半径，円周方向の速度成分 v_r, v_θ の関係

となる．流れ関数 ψ に関しては，

$$u = \frac{\partial \psi}{\partial y} = \frac{\partial \psi}{\partial r}\frac{\partial r}{\partial y} + \frac{\partial \psi}{\partial \theta}\frac{\partial \theta}{\partial y} = \frac{\partial \psi}{\partial r}\sin\theta + \frac{\partial \psi}{\partial \theta}\frac{\cos\theta}{r}$$

$$v = -\frac{\partial \psi}{\partial x} = -\frac{\partial \psi}{\partial r}\frac{\partial r}{\partial x} - \frac{\partial \psi}{\partial \theta}\frac{\partial \theta}{\partial x} = -\frac{\partial \psi}{\partial r}\cos\theta - \frac{\partial \psi}{\partial \theta}\left(-\frac{\sin\theta}{r}\right)$$

となり，同様に速度成分 u, v と半径，円周方向の速度成分 v_r, v_θ の関係式に代入すると，次式が得られる．

$$v_r = \frac{1}{r}\frac{\partial \psi}{\partial \theta}, \quad v_\theta = -\frac{\partial \psi}{\partial r}$$

例題■5.3

図 5.12 に示す $90°$ のコーナーを曲がる非圧縮・非粘性の 2 次元流れにおいて，流れ関数が

$$\psi = 2r^2 \sin 2\theta$$

で表されるとする．このときの速度ポテンシャルを求めよ．ただし，極座標は例題 5.2 を参考にすること．

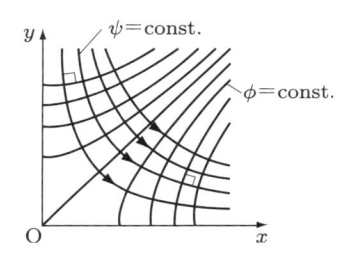

図 5.12 $90°$ コーナーの流れ

▷ **解** 半径方向と接線方向の速度成分は，

$$v_r = \frac{1}{r}\frac{\partial \psi}{\partial \theta} = 4r\cos 2\theta, \quad v_\theta = -\frac{\partial \psi}{\partial r} = -4r\sin 2\theta$$

となり，絶対速度 V は，

$$V = \sqrt{v_r^2 + v_\theta^2} = 4r$$

となる．一方，$v_r = \partial \phi/\partial r$ であるから，

$$\frac{\partial \phi}{\partial r} = 4r\cos 2\theta$$

となり，これを積分すると次式が得られる．

$$\phi = 2r^2 \cos 2\theta + f_1(\theta)$$

ここで，$f_1(\theta)$ は θ に関する任意関数となる．同様に

$$v_\theta = \frac{1}{r}\frac{\partial \phi}{\partial \theta} = -4r\sin 2\theta$$

であり，積分すると

$$\phi = 2r^2 \cos 2\theta + f_2(r)$$

となり，ここで，$f_2(r)$ は r に関する任意関数となる．上式の二つの ϕ の式が成り立つためには，

$$\phi = 2r^2 \cos 2\theta + C$$

となる．C は積分定数であり，ゼロとおいても解であり，90°のコーナーを曲がる流れにおける速度ポテンシャルは次式となる．

$$\phi = 2r^2 \cos 2\theta$$

なお，流れ関数を x–y 直角直交座標系で表すと，$x = r\cos\theta$, $y = r\sin\theta$ であるから，

$$\psi = 2r^2 \sin 2\theta = 4r^2 \sin\theta \cos\theta = 4(r\sin\theta)(r\cos\theta) = 4xy$$

となり，流れ関数 $\psi = \text{const.}$ の曲線は，$xy = \text{const.}$ となる．また，

$$\phi = 2r^2 \cos 2\theta = 2r^2(\cos^2\theta - \sin^2\theta) = 2(r\cos\theta)^2 - 2(r\sin\theta)^2$$
$$= 2x^2 - 2y^2$$

となり，速度ポテンシャル $\phi = \text{const.}$ の曲線は，$x^2 - y^2 = \text{const.}$ となる．これらは図 5.12 に示すような直角双曲線であり，また，両者は直交する．

5.5.3 ■ 渦糸

複素速度ポテンシャルが次式で表される場合を考える．

$$W(z) = -ik \log z \tag{5.52}$$

同様に，複素数 z を極座標で表すと，上式は

$$W(z) = \phi + i\psi = -ik(\log r + i\theta) \tag{5.53}$$

となり，

$$\phi(r,\theta) = k\theta, \quad \psi(r,\theta) = -k \log r \tag{5.54}$$

である．したがって，流線を与える $\psi = \text{const.}$ は，$r = \text{const.}$ のことで同心円に対応し，等ポテンシャル線 $\phi = \text{const.}$ は，$\theta = \text{const.}$ のことで原点から放射状に引かれた直線に対応する．

速度は，式 (5.52) を z で微分すると，

5.5 複素速度ポテンシャルによる2次元ポテンシャル流れの表現

$$\frac{dW(z)}{dz} = \frac{-ik}{z} = \frac{-ik}{r}e^{-i\theta} = -\frac{k}{r}\sin\theta - i\frac{k}{r}\cos\theta = u - iv \tag{5.55}$$

となり，x, y方向の速度成分は，

$$u = -\frac{k}{r}\sin\theta, \quad v = \frac{k}{r}\cos\theta \tag{5.56}$$

となるので，結局，絶対速度Vは，つぎのようになる．

$$V = \sqrt{u^2 + v^2} = \frac{k}{r}, \quad \frac{v}{u} = -\frac{\cos\theta}{\sin\theta} = -\cot\theta = \tan\left(\theta + \frac{\pi}{2}\right) \tag{5.57}$$

これより，点(r, θ)の絶対速度は，その大きさは上式の第1式より半径rに反比例し，方向は上式の第2式より極座標でのθより$\pi/2$だけ位相差があるので，半径rの円に接する周方向の流れとなり，向きは式(5.56)からわかるように，図5.13に示すような反時計まわりの向きである．また，半径方向の速度成分はゼロであることがわかる．

また，速度成分を極座標表現すると，半径方向，円周方向の速度は

$$v_r = \frac{\partial\phi}{\partial r} = \frac{1}{r}\frac{\partial\psi}{\partial\theta} = 0, \quad v_\theta = \frac{1}{r}\frac{\partial\phi}{\partial\theta} = -\frac{\partial\psi}{\partial r} = \frac{k}{r} \tag{5.58}$$

となる．極座標表現のほうが，x–y座標表現より流れの状態がわかりやすいという利点がある．

いま，半径rの円周に沿う反時計まわりの循環を求めると，

$$\Gamma = 2\pi r \cdot V = 2\pi r \cdot \frac{k}{r} = 2\pi k \tag{5.59}$$

であり，$k = \Gamma/(2\pi)$となる．このように，流れは図のように原点を中心とする反時計まわりの**旋回流れ**となる．$z \to 0$とすると，$V \to \infty$で有限値をもたないので，原点は特異点となり，原点を除いた領域の流れを示すことになる．また，図5.14に示すように，ゼロでない任意の半径r_1，半径r_2およびx–y直角座標系の第1象限とで囲まれた領域の循環は，

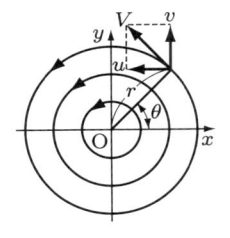

図 5.13 渦糸まわりの流れ　　**図 5.14** 旋回流れの循環

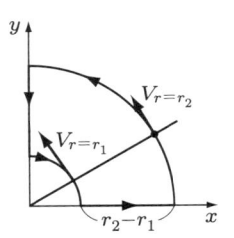

$$\varGamma = \frac{\pi r_2}{2} \cdot V_{r=r_2} + (r_2 - r_1) \cdot 0 - \frac{\pi r_1}{2} \cdot V_{r=r_1} + (r_2 - r_1) \cdot 0$$

$$= \frac{\pi r_2}{2} \cdot \frac{k}{r_2} - \frac{\pi r_1}{2} \cdot \frac{k}{r_1} = 0 \tag{5.60}$$

であり，第4象限までの総和をとっても同じである．原点を除けば渦なし流れであることがわかる．すなわち，原点に渦度が集中し，原点以外は円運動しているが，渦運動はしていない．このような原点を中心とする流れは，5.1節で述べたように，渦管の断面積が無限に小さい**渦糸**であり，この場合，**自由渦**（free vortex）という．

例題 ■ 5.4
浴槽の底の栓を抜いたときや，一杯に水を満たした洗面台の栓を抜いたとき，どのようなことが起こるだろうか．

▷ **解** 水位が下がるに従い，栓の上方の液面に渦ができだし，この部分の液面が谷のように落ち込み，周囲の空気および回転する水の渦が栓のほうに吸込まれるようになる．この渦には外から力が加わっていないので自由渦である．

例題 ■ 5.5
ワインなどのびんやペットボトルの注入口をねじりの力を貯えられるタコ糸でしばり，鉛直に吊るし，中に約半分の水を入れる．あらかじめタコ糸をねじった状態で吊るして手を離したとき，びんやボトルの容器がほぼそれらの中心で回転し始めたとする．中の水はどのようになるか．

▷ **解** 図5.15に示すように，容器が回転し出すと，中の水も容器と一緒に回転し出す．さらに中心部は円錐状の谷になる．これは，容器の回転によって強制的に中の水が回転させられてできる渦で，この回転する渦を**強制渦**（forced vortex）という．

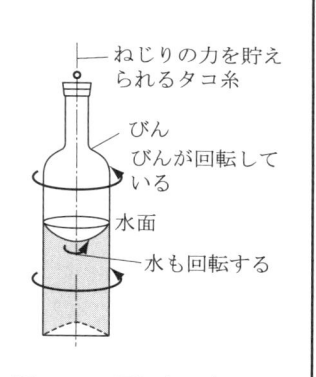

図 **5.15** 回転するびんの中の水の運動

例題 ■ 5.6
台風や竜巻，渦潮の中心付近は強制渦で，その外側は自由渦である．台風の目は強制渦の領域にある．強制渦は外部からエネルギーが供給される場合で，中心ほど旋回速度は小さい．一方，自由渦はエネルギーの供給がない場合で，渦の中心に近い領域も遠い領域ももっているエネルギーの大きさは同じで，外側ほど旋回速度が小さくなる．

いま，台風の強制渦の領域の半径を r_c とし，その外側の自由渦の領域にある地点

Aで風速 40 m/s が観測された．さらに外側の地点 B では風速 20 m/s が観測された．地点 A と地点 B の間の距離が 100 km のとき，台風の中心と地点 A の距離 r_A はいくらか．ただし，$r_A > r_c$ で，循環の大きさは Γ とする．
▷ **解** 式 (5.59) より，地点 A の旋回速度 V_A は，

$$V_A = \frac{\Gamma}{2\pi r_A} = 40 \,\text{m/s}$$

であり，地点 B の旋回速度 V_B は，

$$V_B = \frac{\Gamma}{2\pi (r_A + 100)} = 20 \,\text{m/s}$$

となる．したがって

$$40 r_A = 20 (r_A + 100)$$

となり，$r_A = 100 \,\text{km}$ となる．

5.5.4 ■ 二重吹出し

x-y 直角直交座標系において，$x = -\varepsilon$ に強さ m の吹出し，$x = \varepsilon$ に $-m$ の吸込みがある流れ場を考える．複素速度ポテンシャルは次式となる．

$$W(z) = m \log (z + \varepsilon) - m \log (z - \varepsilon) = m \log \frac{z + \varepsilon}{z - \varepsilon} \tag{5.61}$$

いま，$m \to \infty$，$\varepsilon \to 0$，$2m\varepsilon \to \mu$ なる極限を求めることにする．上式を書き換えると，

$$W(z) = m \log \frac{1 + \varepsilon/z}{1 - \varepsilon/z} \tag{5.62}$$

となる．ここで，公式

$$\log(1 + x) = x - \frac{x^2}{2} + \frac{x^3}{3} - \cdots \tag{5.63}$$

を使って，$x = \varepsilon/z$ とすると，式 (5.62) は

$$W(z) = m \left\{ \frac{\varepsilon}{z} - \frac{1}{2} \left(\frac{\varepsilon}{z} \right)^2 + \frac{1}{3} \left(\frac{\varepsilon}{z} \right)^3 - \cdots \right.$$
$$\left. - \left[\left(-\frac{\varepsilon}{z} \right) - \frac{1}{2} \left(-\frac{\varepsilon}{z} \right)^2 + \frac{1}{3} \left(-\frac{\varepsilon}{z} \right)^3 - \cdots \right] \right\}$$

$$= m\left[2\frac{\varepsilon}{z} + \frac{2}{3}\left(\frac{\varepsilon}{z}\right)^3 + \frac{2}{5}\left(\frac{\varepsilon}{z}\right)^5 + \cdots\right] \tag{5.64}$$

となるので，極限では高次の微小項を省略すると，次式が得られる．

$$W(z) = \frac{2m\varepsilon}{z} = \frac{\mu}{z} \tag{5.65}$$

この式によって与えられる流れを**二重吹出し**（doblet）といい，μ を**二重吹出しの強さ**という．式 (5.65) に，$z = re^{i\theta} = x + iy$ を代入すると，

$$W(z) = \phi + i\psi = \frac{\mu}{r}(\cos\theta - i\sin\theta) = \mu\left(\frac{x}{x^2+y^2} - i\frac{y}{x^2+y^2}\right) \tag{5.66}$$

となり，等ポテンシャル線

$$\phi = \mu\frac{x}{x^2+y^2} = \text{const.} = c \tag{5.67}$$

より，

$$x^2 - \frac{\mu}{c}x + y^2 = 0 \tag{5.68}$$

となり，x 軸上に中心をもち，c の大きさをパラメータにした原点を通る円群となる．同様に，$\psi = \text{const.}$ の流線群は，y 軸上に原点をもち，原点を通る円群となる．図 5.16 に二重吹出しの等ポテンシャル線と流線を与える流れ関数曲線を示す．

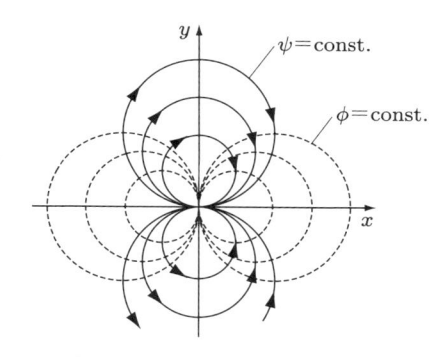

図 5.16 二重吹出しの等ポテンシャル線群と等流線群

5.6 円柱まわりの流れ

前節では，流体のみの流れについて考えてきたが，ここではもっと具体的な物体まわりの流れについて考えてみよう．

5.6.1 ■ 一様流中に置かれた場合

速度 U をもつ一様流中に置かれた円柱まわりの複素速度ポテンシャルは，一様流と二重吹出しの複素速度ポテンシャルを重ね合わせ

$$W(z) = Uz + \frac{\mu}{z} \tag{5.69}$$

で表される．ここで，$\mu = R^2 U$ とおくと，半径 R の円柱まわりの流れを作ることができる．すなわち，$z = re^{i\theta}$ を使うと上式は，

$$W(z) = \phi + i\psi = U\left(re^{i\theta} + \frac{R^2}{r}e^{-i\theta}\right) \tag{5.70}$$

となり，

$$\phi = U\left(r + \frac{R^2}{r}\right)\cos\theta, \quad \psi = U\left(r - \frac{R^2}{r}\right)\sin\theta \tag{5.71}$$

となる．$\psi = 0$ の流線は半径 $r = R$ の円と，$\theta = 0, \pi$ の x 軸と一致することになる．速度については，

$$\frac{dW(z)}{dz} = U - \frac{\mu}{z^2} = U - \frac{\mu}{r^2}e^{-2i\theta} = u - iv \tag{5.72}$$

となり，x, y 方向の速度成分は

$$u = U - \frac{\mu}{r^2}\cos 2\theta, \quad v = -\frac{\mu}{r^2}\sin 2\theta \tag{5.73}$$

となる．円柱上の速度は，上式に $r = R, \mu = UR^2$ を代入すると，

$$u = U(1 - \cos 2\theta), \quad v = -U\sin 2\theta \tag{5.74}$$

となる．結局，円周上の絶対速度 V はつぎのようになる．

$$V = \sqrt{u^2 + v^2} = 2U|\sin\theta|, \quad \frac{v}{u} = -\cot\theta = \tan\left(\theta + \frac{\pi}{2}\right) \tag{5.75}$$

これより，点 (r, θ) の絶対速度は，その大きさが上式の第1式より $|\sin\theta|$ に比例し，方向が上式の第2式より，極座標での θ より $\pi/2$ だけ位相差があるので，半径 r の円上では円に接する円周方向の流れとなる．また，式 (5.74), (5.75) の第1式より，$\theta = 0, \pi$ では，$V = u = v = 0$ となり，この2点はよどみ点になっている．一方，$\theta = \pi/2,$ $3\pi/2$ では，$V = u = 2U, v = 0$ となり，円周方向の速度が最大になることがわかる．向きは，式 (5.74) からわかるように，円柱の上半円は時計まわり，下半円は反時計ま

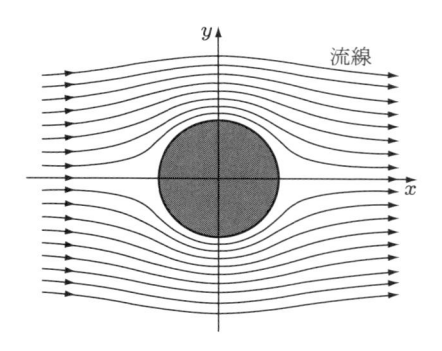

図 5.17 一様流中の円柱まわりの流れ

わりとなり，図 5.17 に示す流れ模様となる．

また，速度成分を極座標表現すると，半径，円周方向の速度成分は

$$\left.\begin{aligned} v_r &= \frac{\partial \phi}{\partial r} = \frac{\partial \psi}{r\partial \theta} = U\left(1 - \frac{R^2}{r^2}\right)\cos\theta \\ v_\theta &= \frac{1}{r}\frac{\partial \phi}{\partial \theta} = -\frac{\partial \psi}{\partial r} = -U\left(1 + \frac{R^2}{r^2}\right)\sin\theta \end{aligned}\right\} \tag{5.76}$$

であり，同じく円柱上の速度は，$r = R$ の関係を使うと，

$$(v_r)_{r=R} = 0, \quad (v_\theta)_{r=R} = -2U\sin\theta \tag{5.77}$$

となり，この場合も極座標表現のほうが，x–y 座標表現より流れの状態がわかりやすい．同じく式 (5.77) は，図に示す一様流中の円柱まわりの流れとなる．

円柱表面上の圧力分布は，円柱から十分離れた点の速度 U，圧力 p_∞，円柱上の速度 V，圧力 p とすると，ベルヌーイの定理により，

$$\frac{p_\infty}{\rho} + \frac{U^2}{2} = \frac{p}{\rho} + \frac{V^2}{2} \tag{5.78}$$

となり，式 (5.75) の関係を使うと，

$$p - p_\infty = \frac{\rho U^2}{2}\left(1 - 4\sin^2\theta\right) \tag{5.79}$$

が得られる．これより，**圧力係数** (pressure coefficient) C_p は，次式で定義される．

$$C_\mathrm{p} = \frac{p - p_\infty}{\rho U^2/2} = 1 - 4\sin^2\theta \tag{5.80}$$

この係数は，円柱まわりの流れなどに用いられる（6.6.3 項参照）．

5.6.2 ■ 一様流に循環が加わった流れに置かれた場合

複素速度ポテンシャルは，一様流中に置かれた円柱に $-\Gamma$ の循環が加わったとき（すなわち，時計まわりに循環の強さ Γ が加わったとき），

$$W(z) = Uz + \frac{\mu}{z} + \frac{i\Gamma}{2\pi}\log z = U\left(z + \frac{R^2}{z}\right) + \frac{i\Gamma}{2\pi}\log z \tag{5.81}$$

で表される．ここで，$\mu = UR^2$ とおき，$z = re^{i\theta}$ を使うと上式は，

$$W(z) = \phi + i\psi = U\left(re^{i\theta} + \frac{R^2}{r}e^{-i\theta}\right) + \frac{i\Gamma}{2\pi}\left(\log r + i\theta\right) \tag{5.82}$$

となり，速度ポテンシャルと流れ関数は次式となる．

$$\left.\begin{array}{l} \phi = U\left(r + \dfrac{R^2}{r}\right)\cos\theta - \dfrac{\Gamma}{2\pi}\theta \\[2mm] \psi = U\left(r - \dfrac{R^2}{r}\right)\sin\theta + \dfrac{\Gamma}{2\pi}\log r \end{array}\right\} \tag{5.83}$$

速度は，式 (5.81) を z で微分して

$$\frac{dW(z)}{dz} = U - \frac{\mu}{z^2} + i\frac{\Gamma}{2\pi}\frac{1}{z} = U - \frac{\mu}{r^2}e^{-2i\theta} + i\frac{\Gamma}{2\pi r}e^{-i\theta} = u - iv \tag{5.84}$$

であるから，x, y 方向の速度成分は

$$\left.\begin{array}{l} u = U - \dfrac{\mu}{r^2}\cos 2\theta + \dfrac{\Gamma}{2\pi r}\sin\theta \\[2mm] v = -\dfrac{\mu}{r^2}\sin 2\theta - \dfrac{\Gamma}{2\pi r}\cos\theta \end{array}\right\} \tag{5.85}$$

となる．同様に，円柱上の速度は上式に $r = R, \mu = UR^2$ を代入すると，

$$\left.\begin{array}{l} u = U(1 - \cos 2\theta) + \dfrac{\Gamma}{2\pi R}\sin\theta = \left(2U\sin\theta + \dfrac{\Gamma}{2\pi R}\right)\sin\theta \\[2mm] v = -U\sin 2\theta - \dfrac{\Gamma}{2\pi R}\cos\theta = -\left(2U\sin\theta + \dfrac{\Gamma}{2\pi R}\right)\cos\theta \end{array}\right\} \tag{5.86}$$

となる．結局，円周上の絶対速度 V はつぎのようになる．

$$\left.\begin{array}{l} V = \sqrt{u^2 + v^2} = \left|2U\sin\theta + \dfrac{\Gamma}{2\pi R}\right| \\[2mm] \dfrac{v}{u} = -\cot\theta = \tan\left(\dfrac{\pi}{2} + \theta\right) = \tan\left(\dfrac{3\pi}{2} + \theta\right) \end{array}\right\} \tag{5.87}$$

式 (5.87) より，速度成分を θ 変化させて考察すると，半径 R の円上では，一様流による円に接する周方向流れと，循環による時計まわりの周方向流れを重ね合わせた流れであることがわかる．よどみ点の位置は，$V=0$ となる点であり，式 $(5.87)_1$ より

$$\sin\theta = -\frac{\Gamma}{4\pi RU} \tag{5.88}$$

となり，$-4\pi RU \leq \Gamma \leq 4\pi RU$ のとき，上式の θ は意味をもち，よどみ点が存在することになる．Γ の値によって，流れの模様は図 5.18 のように 3 通りになる．

（a）$\Gamma < 4\pi RU$ （b）$\Gamma = 4\pi RU$ （c）$\Gamma > 4\pi RU$

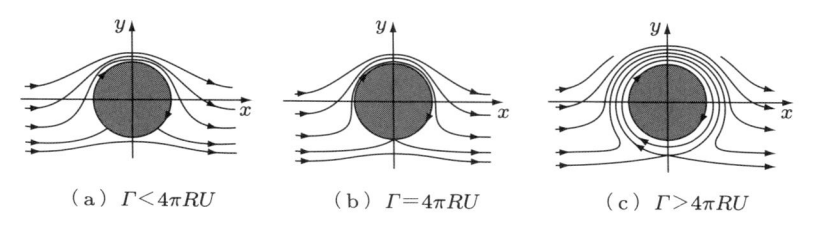

図 5.18 循環のある円柱まわりの流れ
（日本機械学会編：機械工学便覧 基礎編 α4 流体工学，日本機械学会，2006．）

前項と同様に，円柱表面上の圧力分布は，円柱から十分離れた点の速度 U，圧力 p_∞，円柱上の速度 V，圧力 p とすると，式 (4.30) のベルヌーイの定理により，

$$\frac{p_\infty}{\rho} + \frac{U^2}{2} = \frac{p}{\rho} + \frac{V^2}{2} \tag{5.89}$$

となり，式 $(5.87)_1$ の関係を使うと，

$$p - p_\infty = \frac{\rho U^2}{2}\left[1 - 4\left(\sin\theta + \frac{\Gamma}{4\pi RU}\right)^2\right] \tag{5.90}$$

が得られる．

つぎに円柱に作用する力を求める．図 5.19 に示すように，上式を積分して流れ方向と，流れに垂直方向の力，すなわち，**抗力**（drag）D，**揚力**（lift）L を求めると，

$$D = -\int_0^{2\pi}(p-p_\infty)\cos\theta R\,\mathrm{d}\theta = 0 \tag{5.91}$$

$$\begin{aligned}L &= -\int_0^{2\pi}(p-p_\infty)\sin\theta R\,\mathrm{d}\theta \\ &= -\frac{\rho U^2 R}{2}\int_0^{2\pi}\left[1-4\left(\sin\theta+\frac{\Gamma}{4\pi RU}\right)^2\right]\sin\theta\,\mathrm{d}\theta = \rho U\Gamma\end{aligned} \tag{5.92}$$

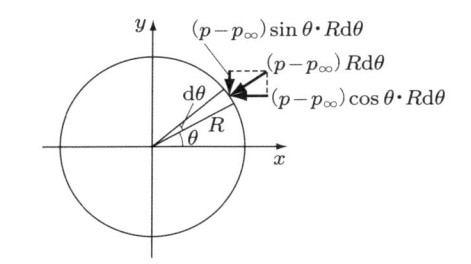

図 5.19 円柱表面に作用する力

が得られる．

抗力と揚力の関係は，円柱に限らずすべての物体において成り立つ．理想流体中では物体に作用する流れ方向の抗力はゼロとなり，実在の粘性流体中では抵抗を受けるので事実と異なることになる．これを，**ダランベールの背理**（d'Alembert's paradox）という．これは，理想流体が粘性を無視していることによる．また，循環がある一様流れからは，物体は流れに垂直方向に揚力を受ける．これを，**クッタ−ジューコフスキーの定理**（Kutta–Joukowski's theorem）という．

野球やサッカーなどでボールを回転させるとカーブするが，これも流れに垂直方向に揚力が生じるためであり，これを**マグナス効果**（Magnus effect）という．

演習問題

[5.1] 渦度は流体粒子のどのような運動を表現しているか．
[5.2] 流れ関数と流線の関係を述べよ．
[5.3] 循環と揚力の関係を述べよ．
[5.4] 直径 10 cm の円柱が風速 20 m/s の中に置かれている．この円柱を毎分 360 回転で回すとき，発生する揚力を求めよ．ただし，空気の密度は大気圧，室温 20 °C の値とし，1.204 kg/m^3 とする．
[5.5] 5.6.2 項の円柱が一様流に循環が加わった流れに置かれた場合について，x–y 直角直交座標表現の代わりに極座標表現で，速度分布，よどみ点の位置，および圧力分布を求めよ．

第6章 粘性流体の基礎と物体まわりの流れ

第5章で，粘性のない流体として理想流体の流れを学んだ．しかし，実在の流体はすべて，物質的な特性として粘性を有し，粘性がまったくない流体は実在しない．

本章では，粘性をもつ実在流体中の力のつり合いや，さらに物体まわりの流れの現象について学ぶ．**粘性流体**（viscous fluid）にも，非圧縮性と圧縮性が考えられるが，圧縮性については第11章で述べることにして，ここでは非圧縮性について扱う．

キーワード 粘性流体，レイノルズ数，層流，乱流，はく離，抗力，揚力，翼

6.1 粘性流体と理想流体の相違

流体は無数の流体粒子からなっていて，それらは連続的に変化している．流体粒子の運動は，ニュートンの運動の第2法則に従うと考えてよい．粘性流体と理想流体とは基本的に同じであるが，粘性流体は，流体に作用する外力として重力などによる体積力，圧力のほかに，理想流体では考慮しなかった粘性力が作用することである．

理想流体では粘性を無視することにより，流体と固体が接する固体表面も流線となり，流体と固体の間にすべりを考慮していることになる．しかし，実在の**粘性流体**では固体表面に接する流体は，固体の物質の種類にかかわらず，その面で相対的には滑らない．これは，流体の分子運動の速度は速く，たとえば空気では毎秒数百メートルであり，かつ分子間距離は分子の大きさに比べて大きい．このため，流体と固体の境界面では，流体の分子は固体の分子間を自由に出入りできるので，その平均的な運動量は固体の分子間を出入りしている間に失われる．結果的に固体表面では流体の速度はゼロになる．この現象を，**すべりなしの条件**（no-slip condition）という．これは，粘性流体の重要な性質である．

図6.1に示すように，平行な上下の平板の間を流体が流れるとき，理想流体（図(a)）では粘性がないことから，流速分布は壁面まで一様である．しかし，実存の粘性流体（図(b)）では壁面で流速がゼロとなる曲線分布を示す．

また，図6.2に示すように，理想流体（図(a)）の中に円柱を置いたときの流線は

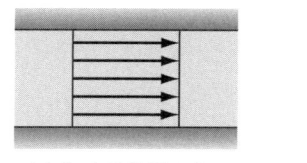

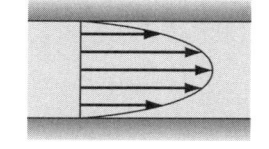

せん断力が作用しない　　　　　　せん断力が作用する

（a）理想流体　　　　　　　　　（b）粘性流体

図 **6.1**　平行する上下の平板内の流れ

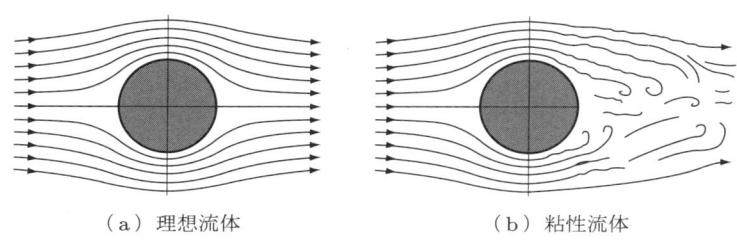

（a）理想流体　　　　　　　　　（b）粘性流体

図 **6.2**　円柱のまわりの流れ

左右上下対称になるが，粘性流体（図(b)）では円柱の背面で渦が発生し，流線が乱れる．

6.2 粘性の特性と流れ

　二つの平行平板内に流体があるとき，片方を静止し，他方を移動させるとクエット流れが生じ，板は流体からせん断力を受け，層流の範囲ではニュートンの粘性法則が成り立つことは第2章で説明した．粘性流体では，この粘性による力が流れに加わることにより，流れを複雑にしている．

　この法則の速度勾配とせん断力との間の比例定数が，式 (2.8) の $\tau = \mu(du/dy)$ に示す粘度または粘性係数 μ である．この物理的意味は，流れを妨げるように作用するのが粘性の本質であり，流体粒子の互いの干渉による力を数値化して表していることになる．

　この速度勾配の代わりに運動量勾配をとるときは，運動量は密度 ρ に速度 u をかけた ρu になるから，比例定数は μ/ρ になる．これが動粘度，または動粘性係数 ν のことである．すなわち，速度勾配と粘度の積，または運動量勾配と動粘度の積はせん断応力に等しくなる．一方，古典力学における質点系において，ニュートンの運動の第2法則によると，質量と速度の時間変化との積，または運動量の時間変化は，力に等しくなる．速度で取り扱うかまたは運動量で取り扱うかに関して，両者にとって類似

の表現である．

気体分子運動論によれば，気体の粘度は圧力に影響を受けないが，温度の上昇と共に増加する．一方，液体は温度の上昇と共に粘度は低下する．このように，気体と液体の性質が逆の傾向になっていることに注意する必要がある．

6.3 レイノルズ数

流体粒子には，重力などの体積力，圧力による力および粘性力が存在する．これらがある質量の流体粒子に作用して加速度を生じさせる．質量と加速度の積はまた慣性力でもある．いま，体積力を除外して考察すると，圧力による力，粘性力，慣性力の三つの力がつり合っていることになる．これらの力の比が力学の場を支配する．粘性流体の粘性力に注目して，U を代表速度，L を代表長さ，T を代表時間とすると，慣性力は，

$$慣性力 \propto \rho L^3 \cdot \frac{U}{T} = \rho L^2 \cdot \frac{L}{T} U = \rho U^2 L^2$$

であり，粘性力は，

$$粘性力 \propto \mu \cdot \frac{U}{L} \cdot L^2 = \mu U L$$

となり，慣性力と粘性力の比は，

$$\frac{\rho U^2 L^2}{\mu U L} = \frac{\rho}{\mu} U L = \frac{UL}{\nu} = Re \tag{6.1}$$

となる．この比は無次元であり，**レイノルズ**（Osborne Reynolds）によって円管内の流動実験で見いだされたものなので，Re を**レイノルズ数**（Reynolds number）という．

式 (6.1) のレイノルズ数の物理的意味は，レイノルズ数が非常に低いことは，粘性力が慣性力に比べて非常に大きいことであり，慣性力を無視して流れを考察してよいことを意味する．逆にレイノルズ数が非常に高いことは，慣性力が支配する流れになる．このため，レイノルズ数が高い流れでは，粘性の影響がわずかである．このように実在する粘性流体においては，レイノルズ数によって流れを分類することができる．

6.4 層流と乱流

空気の流れのほとんどないところでは，たばこや線香の煙は，図 6.3 に示すように

6.4 層流と乱流

最初はきれいな筋状の線を示すが，ある程度立ち昇ると煙の線は乱れて複雑に絡み合う．ろうそくの炎にも同様の現象が観察される．これは，流体に粘性の性質があることにより，流れにある二つの状態が現れたのであり，前者の状態が**層流**（laminar flow）で，後者の状態が**乱流**（turbulent flow）である．これは，水路で幅の広いところでは乱れずにゆったり流れているのに，狭いところでは流速が速くなり，乱れを発生している場合なども同様である．

　層流と乱流の現象について，最初に実験を行ったのはレイノルズである．レイノルズは，図 6.4(a) に示すような水槽の壁面から，乱れを起こさないようにラッパ状の入口のある真っ直ぐなガラス管を通して水を流し，これに着色液を注入して可視化した．そして，流速が遅いときは，着色液は図 (b) に示すように乱れないで直線状に流れ，ある流速以上になると図 (c) に示すように乱れて，線状の着色液は混合して消滅

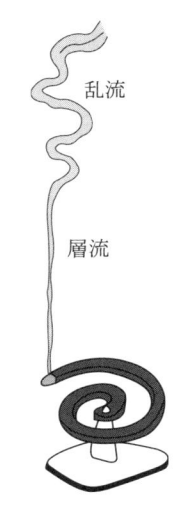

図 **6.3**　蚊取り線香の煙

することを発見した．図 (b) のときは層流で，図 (c) は乱流である．この層流から乱流に移るのは，流速がある程度以上になったときであり，すなわち，レイノルズ数がある値以上になったときである．さらに，レイノルズの実験では，**レイノルズ数が 2300 以下**では流れの上流端で乱れを与えても，下流にいくに従って乱れがなくなり，層流になってしまうことも確認された．

　このように，層流から乱流に変化するレイノルズ数を**臨界レイノルズ数**（critical Reynolds number）Re_c という．また，そのときの流速を**臨界速度**（critical velocity）といい，層流から乱流に移ることを**遷移**（transition）という．

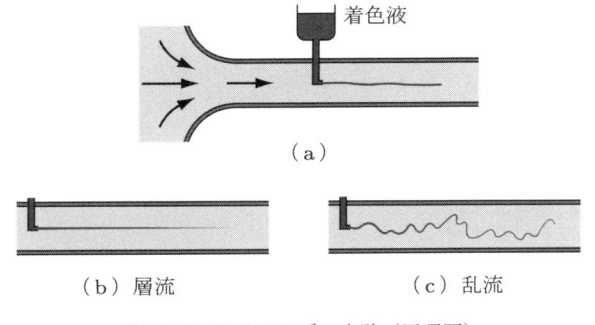

図 **6.4**　レイノルズの実験（原理図）

例題 6.1

直径 $d = 2\,\text{cm}$ の円管内を水が流速 $U = 5\,\text{cm/s}$ で流れている．この円管内流れのレイノルズ数 Re を求めよ．また，流れは層流か乱流かを判定せよ．ただし，水の動粘度は $\nu = 1.0 \times 10^{-6}\,\text{m}^2/\text{s}$ とする．

▷ **解** 式 (6.1) において，代表長さを L として管の直径 d をとると，レイノルズ数は単位をそろえて計算して，

$$Re = \frac{Ud}{\nu} = \frac{0.05 \times 0.02}{1.0 \times 10^{-6}} = 1000$$

となり，流れが層流であることがわかる．

6.5 内部流れと外部流れ

流れは，内部流れと外部流れに大別できる．**外部流れ**（external flow）は非常に広い流れの場の中に物体がある場合であり，大気中を移動する高速列車，自動車および航空機など，また風を受けるいろいろな構造物や，海や河川での機械や構造物などの例がある．このように流れが拘束されず，無限遠点の流れ場が想定できる場合を外部流れという．

一方，**内部流れ**（internal flow）の代表的なものは管内流れである．われわれの身の回りの水道管，ガス管および排水・下水管から，産業界の火力・原子力発電プラント，化学プラントなどの各種配管内の流れが例として挙げられる．また，平板などの壁面に囲まれた流れなどがあり，いわゆる流れが固体によって拘束される流れが内部流れである．

なお，タービン，ポンプ，圧縮機のようにケーシング内を流れる流れは内部流れとみえるが，回転する翼近傍の流れは外部流れの問題としてもとらえることができる．また，熱交換器の管群や，配管内の計装用のチューブなどを考えるときも，胴や管内の内部流れを外部流れとする問題になることが多い．

6.6 円柱まわりの流れ

本節では，外部流れの基礎として，円柱まわりの流れを考える．これは物体まわりの流れの一つであるが，**流線形な物体**とそうでないものがある．タービンや航空機の翼は前者であるが，円柱は後者に属し，**鈍い物体**（bluff body）という．

6.6.1 ■はく離流れと抗力

　一般に，物体が静止している流体中を移動するときや，流れている流体中に静止した物体があるとき，物体は流体から力を受ける．これが**抗力**であり，力の方向は流れの方向と同じである．

　抗力は，摩擦抗力と圧力抗力に分類できる．

　流体が物体の表面を流れるとき，物体は流体から粘性のために摩擦による力を受ける．この力の流れ方向の成分を表面全体にわたって合計，すなわち積分したものが**摩擦抗力**（frictional drag）である．

　一方，流線形でない物体では，物体の表面の流れが表面からはがれて，流線が保持されなくなり，表面の特定の位置から渦などが発生する．このために，円柱の流れに対して前側の半円に作用する圧力による力と後側の半円に作用する力とに差が生じ，**圧力抗力**（pressure drag）が生じる．

　この流体の流線がはがれる現象を流れの**はく離**（separation）といい，はがれ始める位置を**はく離点**（separation point）という．このはく離現象のメカニズムについて考えてみよう．

　実存の粘性流体では，物体の表面近くの流体粒子は，最初のうちは粘性による力と圧力の勾配に打ち勝って，表面に接しながら後方に流れる．しかし，図 6.5(a) に示すように，円柱のような鈍い物体では，物体近傍の背面では流速が遅くなり，逆に下流ほど圧力が高くなる圧力勾配が生じる．すなわち，物体の表面上を流れてきた流体は流速がだんだん遅くなり，その運動量が減少し，下流の圧力の高いところに向かって流れていくことができなくなる．このため，物体の表面に沿った流れは表面から離れて流れるようになる．流線が離れた物体表面では逆流が生じ，渦も発生する．すなわち，図 (a) の点 S の位置で流れが物体表面からはく離する現象が生じる．物体の形が図 (b) に示すように流線形のときは，はく離点 S は後方に移り，それに伴って圧力抗力は低下する．

　このように，粘性流体では物体に摩擦抗力と圧力抗力が生じる．たとえば，図 6.6 に示すように，抗力に関して円柱と層流翼形とを比較すると，同じ圧力抗力をもつ両

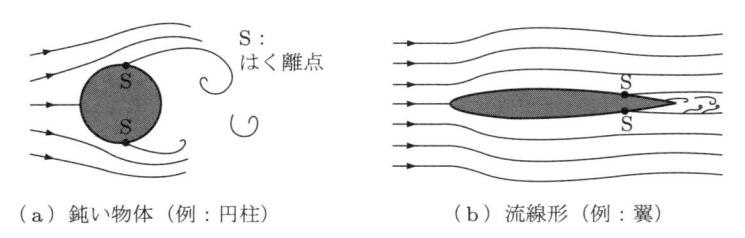

（a）鈍い物体（例：円柱）　　　　　（b）流線形（例：翼）

S：はく離点

図 6.5　物体の抗力とはく離

80 第6章 粘性流体の基礎と物体まわりの流れ

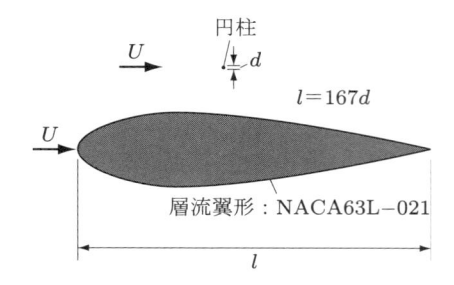

図 6.6 同じ抗力をもつ円柱と層流翼形についての大きさの比較
（NACA63L–021：アメリカの NACA が開発した翼形の表示番号）
（日本機械学会編：機械工学便覧 基礎編 α4 流体工学，日本機械学会，2006.）

者の大きさは圧倒的に差があることがわかる．翼形の弦長は円柱直径の 167 倍となり，厚さは円柱の 35 倍となる．あれだけ大きく，重い航空機が飛べるのはこのためであり，はく離がいかに抗力を大きくしているかがわかる．

6.6.2 ■ レイノルズ数とカルマン渦

円柱まわりの流れを，流速を変化させてさらに観察してみよう．前項では流れ方向の抗力に注力したが，流れの主流に対して垂直方向についても考察する．

粘性流体中の円柱まわりの流れは，図 6.7 に示すように，レイノルズ数 Re によって大きく変化する．粘性力の影響が慣性力に比べて大きく，低いレイノルズ数領域において，$0 < Re < 5$（図 (a)）では，流線は前後左右でほとんど対称になっている．これを過ぎて $5 \leq Re < 40$（図 (b)）では，円柱の後方のよどみ点近くにはく離が現れ，流れと平行な円の中心を通る線に対して上下対称な渦が発生する．これは，互いに回転の向きは反対であり，**双子渦**（twin vortex）という．

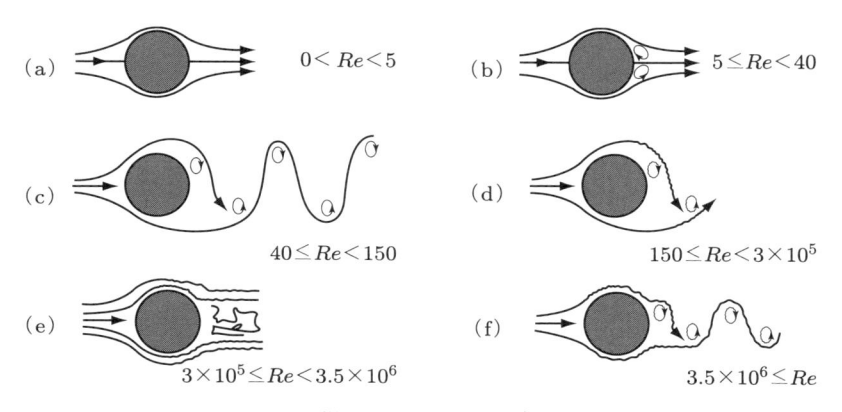

図 6.7 渦の放出とレイノルズ数の関係

さらに，レイノルズ数を高くして $40 \leq Re < 150$（図(c)）では，はく離点は円柱の後面側の前方に移動し，いままで流線が定常流れであるものが波打ちはじめ，円柱表面の下流側の上下2点から渦が交互に周期的に放出され，非定常流れになる．渦の列は流れに垂直方向に拡がり，層流が保たれる．このような渦の放出を**後流渦**（vortex shedding）といい，下流に規則正しく形成された2本の渦列を，第1章でも述べたように，**カルマン渦列**（Karman vortex street）という．$150 \leq Re < 3 \times 10^5$（図(d)）では，流れは円柱表面で**層流はく離**（laminar separation）し，渦列は乱流に遷移して発達する．レイノルズ数の増加とともに，はく離点は円柱の前方にさらに移動する．この領域では規則的な渦の形成がなされる．$3 \times 10^5 \leq Re < 3.5 \times 10^6$（図(e)）は遷移領域で，円柱表面の流れは層流から乱流に移行し，渦列の幅も狭くなり，かつ渦の形成も弱くなる．さらに，$3.5 \times 10^6 \leq Re$（図(f)）になると，流れは円柱表面で乱流となり，円柱表面のはく離点は，層流はく離に比べてかなり円柱の後方に移動する．これを**乱流はく離**（turbulent separation）という．

一般に，物体の後方に渦を伴った流速の遅い流れ領域が形成されるが，この流れの領域を**後流**という（第10章参照）．後流渦すなわちカルマン渦は，必ずしもはく離を伴うものでない．流れに平行に置かれた平板，たとえば配管内の仕切り板，すなわちスプリッターなどでもその後方で発生する．

なお，後流渦，またはカルマン渦が放出される周波数，すなわち振動数を f として，つぎのような無次元数

$$St = \frac{fd}{U} \tag{6.2}$$

を定義すると，レイノルズ数に対して図6.8に示すような関係が得られることがわかっている．ここで，d は円柱の直径で，U は一様流の速度であり，この無次元数 St を**ストローハル数**（Strouhal number）という．この図からレイノルズ数が 3.5×10^5 以

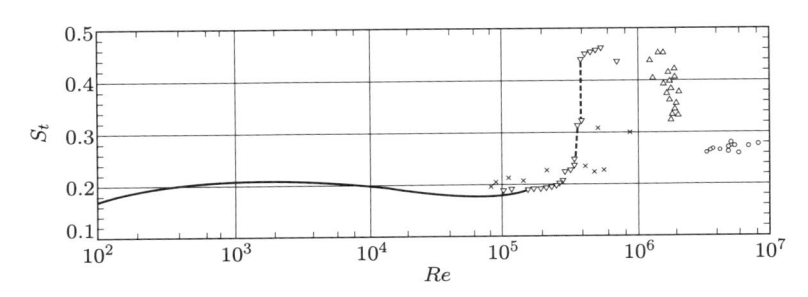

図 **6.8** 円柱まわりの流れのストローハル数とレイノルズ数との関係
（日本機械学会編：機械工学便覧 基礎編 A5 流体工学 新版，日本機械学会，1986．）

下の層流がはく離する領域では，ストローハル数は約 0.2 になることがわかる．また，このような渦が現れると，流れ方向に直角な力が，渦の放出される周波数で円柱などの構造物に作用する．

例題■6.2
清流の浅瀬に立つと，両足の後方の水面はどのようになるか．
▷ **解** 両足の後方に左右に周期的に変動する波立ちの変化が体感できる．場合によっては流れ方向に押し流そうとする一定の力と，流れに垂直方向に周期的に変動する力を体感することができる．

例題■6.3
比較的広い水槽や池で木の棒を水面に垂直にして，真っ直ぐに動かそうとするとき，どのようになるか．
▷ **解** カルマン渦が発生して，棒は動かそうとする方向に対して垂直に横ゆれを起こし，振動しながらしか動かせない．

例題■6.4
電柱の電線が季節風を受けるとき，鳴音が聞こえることがある．電線の直径が $d = 2.5\,\mathrm{mm}$ で，風速が $U = 10\,\mathrm{m/s}$ のとき，電線の後方にできるカルマン渦の周波数を求めよ．ただし，空気の動粘度を $\nu = 1.5 \times 10^{-5}\,\mathrm{m^2/s}$ とする．
▷ **解** 式 (6.1) より，レイノルズ数は単位をそろえて，

$$Re = \frac{Ud}{\nu} = \frac{10 \times 0.0025}{1.5 \times 10^{-5}} = 1670$$

となり，図 6.8 よりストローハル数は $St = 0.21$ と読むことができる．これよりカルマン渦の周波数 f は，式 (6.2) を用いてつぎのように得られる．

$$f = St\frac{U}{d} = 0.21 \times \frac{10}{0.0025} = 840\,\mathrm{Hz}$$

6.6.3 ■ 円柱まわりの圧力分布と抗力係数

すでに述べたように，流体と物体が相対的に速度をもつとき，物体は流れから力を受け，流れ方向と平行な**抗力** D と流れに垂直な**揚力** L との二つに分けて考えることができる．これらの力は，**抗力係数** (drag coefficient) C_D と**揚力係数** (lift coefficient) C_L として，次式で表される．

$$C_{\mathrm{D}} = \frac{D}{(1/2)\,\rho U^2 S}, \quad C_{\mathrm{L}} = \frac{L}{(1/2)\,\rho U^2 S} \tag{6.3}$$

ここで，ρ は流体の密度，U は一様流の流速，S は物体の流れに垂直な面への投影面積であり，円柱の場合，軸方向単位長さに対しては，円柱の直径に等しくなる．

図 6.7 でみたように，周期的な渦の放出により，実存の粘性流体の抗力，揚力は非定常になる．しかし，抗力係数の非定常成分は定常成分に比べて小さく，一般に微小な範囲で周期的に変動する．図 6.9 は円柱の抗力係数とレイノルズ数との関係を示すが，厳密には定常，非定常を含めた平均的成分である．また，揚力も同様に周期的変動をするが，時間的平均値はゼロである．これは，後流渦により構造物が揚力方向に励振を受けるような非定常流れを考える場合に重要となる．

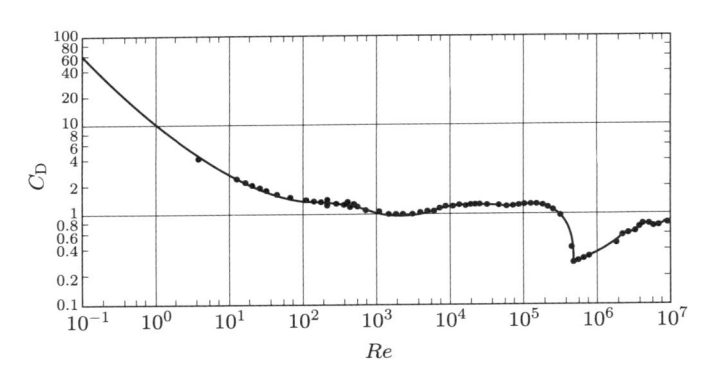

図 6.9 円柱の抗力係数とレイノルズ数の関係
（日本機械学会編：機械工学便覧 基礎編 A5 流体工学 新版，日本機械学会，1986．）

例題 ■ 6.5
時速 100 km/h で走る自動車についているアンテナに作用する抗力を求めよ．ただし，アンテナは直径 $d = 1$ cm，長さ $l = 1$ m の円柱とする．また，空気の動粘度を $\nu = 1.5 \times 10^{-5}$ m^2/s，空気の密度を $\rho = 1.2$ kg/m^3 とする．

▷ **解** アンテナの円柱としてのレイノルズ数は単位をそろえて，

$$Re = \frac{Ud}{\nu} = \frac{100 \times (1000/3600) \times 0.01}{1.5 \times 10^{-5}} = 18500$$

となる．図 6.9 より抗力係数を $C_{\mathrm{D}} = 1.1$ と読むと，抗力 D は，つぎのように得られる．

$$D = \frac{1}{2} C_{\mathrm{D}} \rho U^2 S = \frac{1}{2} \times 1.1 \times 1.2 \times \left(100 \times \frac{1000}{3600}\right)^2 \times 0.01 \times 1$$
$$= 5.09 \,\mathrm{kg\,m/s^2} = 5.09 \,\mathrm{N}$$

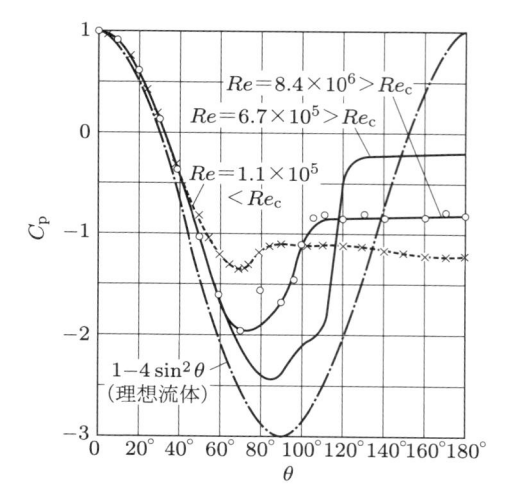

図 6.10 円柱まわりの圧力分布
（日本機械学会編：機械工学便覧 基礎編 A5 流体工学 新版，日本機械学会，1986．）

はく離を伴う円柱のような流線形でない物体（鈍い物体）では，粘性流体が作用する力は摩擦抵抗と圧力抵抗のうち，ほとんど圧力抵抗による．図 6.10 はレイノルズ数をパラメータにして円柱表面に作用する圧力分布を調べたものである．さらにこの図に理想流体による圧力分布も示す．

この図の縦軸は，前章ですでに述べた**圧力係数**

$$C_{\mathrm{p}} = \frac{p - p_\infty}{\rho U^2/2} \tag{6.4}$$

であり，横軸 θ は上流側から測った角度である．層流がはく離する $Re = 1.1 \times 10^5$ の場合，$\theta \fallingdotseq 70°$ で最小になり，$\theta \fallingdotseq 80°$ で層流はく離し，これより後方では一定の値になっている．ここで，$Re \fallingdotseq 3 \times 10^5$ は，図 6.9 からもわかるように，抗力係数が急激に低下する領域で，円柱の**臨界レイノルズ数** Re_{c} である．これより大きい $Re = 6.7 \times 10^5$ では，層流はく離したのち乱流へ遷移し，さらにはく離した流れが再付着しその後，$\theta \fallingdotseq 130°$ で乱流はく離している．臨界レイノルズ数より十分大きい $Re \fallingdotseq 8.4 \times 10^6$ では，$\theta \fallingdotseq 70°$ で最小になり，$\theta = 100°$ を過ぎた位置で乱流はく離し，同じくこれより後方ではほぼ一定の圧力になっている．このように，実在の粘性流体では，圧力分布が上流側と下流側とで対称にならず，物体はその差だけ抗力を受ける．一方，図に理想流体に関する式 (5.80) による圧力係数を一点鎖線で示すが，圧力分布は上下・左右対称になり，抗力がゼロになる．これは，5.6 節で説明した**ダランベールの背理**である．

一般に，図 6.9, 6.10 よりわかるように，乱流はく離のほうが層流はく離よりもはく離点が後方に移り，はく離域の圧力回復が大きく，圧力を円周上まわりに積分して得られる抗力成分は，上流側と下流側とでの相殺量が多くなり低下する．ゴルフボールが表面にディンプルという凹凸がつけられているのも，表面の流れを早く乱流にすると層流に比べてはく離しにくいことを利用して，はく離点を後方に移動させ，そこで乱流はく離させることにより，全体としての抵抗を減らすためである．ディンプルがあると 200 ヤード (183 m) 以上飛ぶものが，なめらかにすると 50 ヤード (46 m) 程度になってしまうといわれている．

6.7 翼のまわりの流れ

6.7.1 ■翼とは

流れの中に板状の物体を流れ方向に対してある角度で置くと，この物体は流れに対して垂直の方向にも力を受ける．流れに対して垂直な力の成分を発生させることを目的とするものが**翼** (wing, airfoil) である．流体機械では**羽根** (vane)，**ブレード** (blade) ともいう．

図 6.11 に示すように，翼の先端を**前縁** (leading edge)，後端を**後縁** (trailing edge) という．前縁と後縁を結ぶ直線を**翼弦** (chord)，その長さを**翼弦長** (chord length)，翼の左右の両端までの長さを**翼幅** (span) という．翼の断面の形を**翼断面形** (wing section)，または**翼形** (airfoil, wing profile) という．

翼弦が流体の流れ方向となす角を**迎え角** (attack angle) α，翼形の中心線を**反り線**または**骨格線** (camber line)，翼弦と反り線の間隔を**反り** (camber)，反り線に垂直に測った翼の厚さを**翼厚** (profile thickness) という．

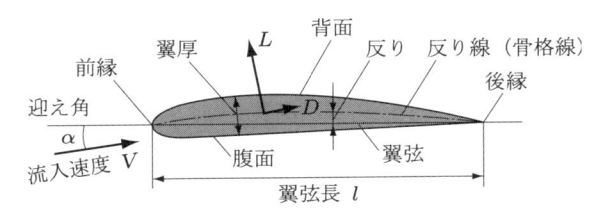

図 6.11 翼の各部の名称

6.7.2 ■翼の性能

断面が一定で無限に長い翼幅の翼，**2 次元翼** (two-dimensional wing) を考える．

円柱まわりの流れで説明したように，2 次元翼は流れに垂直な方向に揚力 L，流れ方向に抗力 D を受け，次式で表される．

$$L = \frac{1}{2}C_\mathrm{L}\rho U^2 S, \quad D = \frac{1}{2}C_\mathrm{D}\rho U^2 S \tag{6.5}$$

ここで，C_L，C_D は揚力係数および抗力係数であり，翼の形状，迎え角およびレイノルズ数によって変わり，気体の速い流れでは後で説明するマッハ数の影響を受ける．一般に，流体から受ける力を求めるときの物体の基準面積は，物体の流れに垂直な面への投影面積が用いられるが，翼の場合は翼弦を含む翼幅方向に平行な平面への投影面積である翼面積が慣例的に用いられている．翼面積 S は，翼弦長 l と翼幅 b の積であり，2 次元翼では $b = 1$ であるから $S = l$ となる．翼に作用する力は揚力と抗力のベクトル和となる．

翼の性能は，図 6.12 のようにレイノルズ数を一定に保ち，迎え角を変化させたときの揚力係数および抗力係数の変化で表される．これらの曲線を**翼の特性曲線**（characteristic curve）という．

揚力係数 C_L は，ある迎え角で無揚力になり，ゼロとなる．一般の翼では揚力がゼロになる迎え角は負の値である．無揚力の角度から迎え角を次第に大きくしていくと，図に示すように直線的に増加する．だんだん増加が穏やかになり，ある迎え角で揚力係数は最大になり，以後迎え角の増加とともに逆に減少する．これは迎え角が大きくなり過ぎて，図 6.13 に示すように，翼の背面で流れがはく離するためである．この現象を**失速**（stall）といい，揚力係数が最大となる迎え角を**失速角**（stalling angle）という．抗力係数 C_D は，迎え角の変化に対して平坦で穏やかに増加するが，失速角に近づくにつれて急激に大きくなる．これは，はく離のために流れに大きな変化が生じたためである．

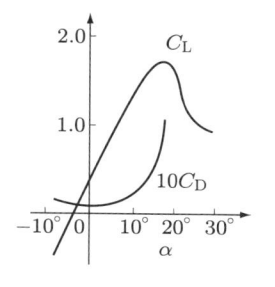

図 6.12　翼の特性曲線　　図 6.13　翼の失速

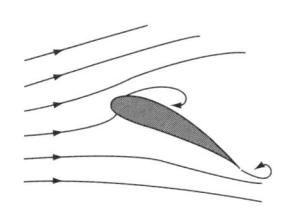

6.7.3 ■ 翼の循環と揚力

静止流体中を翼が一定の速度で進行するとき，実存する流体の翼まわりの流れは，図 6.14 に示すように，翼の上面すなわち背面に沿う流れと下面すなわち腹面に沿う流れが，翼の後端の後縁で合流してなめらかに流れ去る．翼に揚力が生じるためには，翼の迎え角のいかんにかかわらず翼のまわりに循環流がなければならない．このため，図 6.14 の流れは，図 6.15(a) に示す 5.2 節で説明した渦なし流れ（非回転流れ）と，図 (b) に示す 5.1 節で説明した渦流れ（回転流れ）の重ね合わされた流れである．図 (a) の非回転流れでは，翼の後縁では無限大の流速になるが，図 (b) の回転流れの重ね合わせにより，物理的に現実的な流れになる．このように，図 (b) において循環 Γ が存在するとき，流体を理想流体とすれば，翼の単位幅あたりの揚力 L は，5.6 節の円柱まわりの循環流れで説明したように，クッターージューコフスキーの定理により $L = \rho U \Gamma$ となる．この定理は理想流体について導かれたものであるが，実存の粘性流体の流れにおいても，これに近い流れ状態が実現される．

以上は流れが定常状態のときであるが，翼が静止状態から動き出したときの流れについてさらに考えてみよう．

翼が静止の位置から動き出したとき，動き始めた瞬間は粘性の作用が流れに影響するのが遅れるから，図 6.16(a) に示すような理想流体の流れが実現する．したがって，図に示す流線において翼面上に前縁部の点 1 と後縁部の点 2 によどみ点ができる．このため，後縁部の流れは，図に示すように，後縁を下から上にまわろうとする．しか

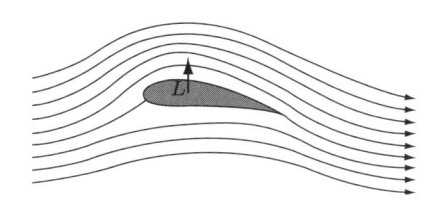

図 6.14 実存する流体の翼まわりの流れ

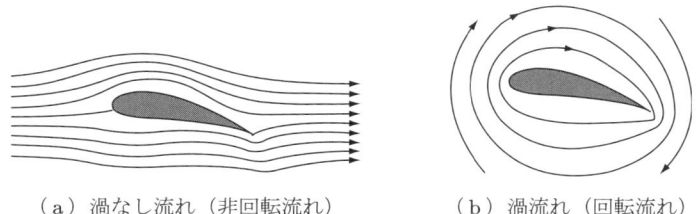

（a）渦なし流れ（非回転流れ）　　（b）渦流れ（回転流れ）

図 6.15 翼まわりの流れの重ね合わせ

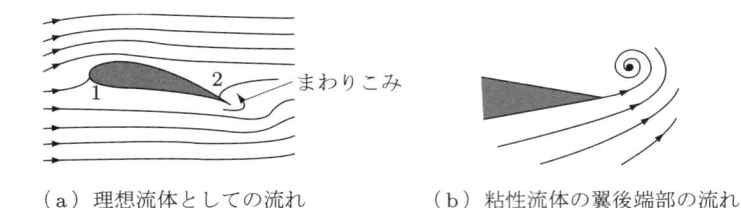

(a) 理想流体としての流れ　　　　　(b) 粘性流体の翼後端部の流れ

図 6.16　翼まわりにできる循環流の発生機構

し，実在の粘性流体では，粘性のために後縁をまわってさかのぼることができず，後縁部の理想流体としてのよどみ点ははく離して後方へ移動する．したがって，とがった後縁部では流れは後縁をまわることなく，図 (b) のように流れ出て反時計方向に回転する渦ができる．したがって，実際には，翼が進行した後には後縁から離れた渦が残る．翼と渦を取り囲む大きな閉曲線を考えると，翼が進行を始める前までは循環はゼロであるから，第 5 章で述べたように，渦は急に発生したり消滅したりしないので，後縁から離れた反時計まわりの渦の循環を打ち消す時計まわりの循環流が，翼まわりにできる．

この非定常状態は，定常状態になるまで渦を発生するが，定常状態になると，図 6.14 に示したように，翼の背面および腹面に沿って流れる流体は同じ速度で後縁から流れ去り，渦の流出も止まる．この定常状態でも，**クッタの条件**（Kutta's condition）または**ジューコフスキーの仮定**（Joukowsky's hypothesis），すなわち，ある翼の背面および腹面に沿って流れてきた流体は，後縁において同じ速度でなめらかに流れ去るという条件を用いると，前述のように翼まわりの循環が決定される．

翼から離れた後方には，循環 Γ の渦が発生する．翼を取り巻く大きな流体場の領域は，翼が動き出す前は，循環はゼロであり，前述のように渦は流体中で急に出現したり，消滅したりしないので，翼を取り巻く大きな流体場の領域の循環は，翼が進行中であってもやはりゼロである．このことは，翼のまわりに循環 $-\Gamma$ の循環流を生じることになり，これにより循環の総和がゼロになる条件が保たれる．また，この循環の強さは流れが後縁をまわることができず，背面および腹面の流れが合流してなめらかに流れ去るような強さの程度である．

翼が静止流体中を進行すると，このように循環が翼まわりに起こり，揚力が生じる．これにより航空機は空中に浮き上がることができる．また，翼やブレードに蒸気やガスを吹き付けると，揚力により蒸気タービンやガスタービンが回転する．なお，第 5 章で述べた球が静止流体中を進行するときは，翼のようには揚力が生じない．競技者がボールに回転運動を与えて，ボールまわりに循環を生じさせることにより生じる揚力によって，はじめてボールは曲がる．

演習問題

[6.1] 理想流体と粘性流体との相違について説明せよ．

[6.2] 層流と乱流との相違について説明せよ．

[6.3] はく離の現象について物理的に説明せよ．

[6.4] 翼弦長が 1 m の自動車用のエアースポイラーがある．時速 120 km で走行するときの状態を，20 cm の模型で相似な流れをつくるには，空気の流速をいくらにすればよいか．また，水で実験する場合には，流速をいくらにすればよいか．ただし，空気と水の動粘度をおのおの 1.502×10^{-5} m^2/s, 1.004×10^{-6} m^2/s とする．

[6.5] 直径 10 cm の円柱が風速 20 m/s の中に置かれている．端部の影響が小さいとして 2 次元円柱に作用する単位長さあたりの抗力を求めよ．ただし，空気の密度と動粘度はそれぞれ室温 20 °C の値とし，1.204 kg/m^3, 1.502×10^{-5} m^2/s とする．

[6.6] 長さ 1 m で幅 1.5 m の平板が，空気中を速度 15 m/s で水平と 12° の角度をなして移動しているとする．板に作用する合力，および摩擦力を求めよ．また，移動に必要な動力を求めよ．ただし，揚力係数 $C_\mathrm{L} = 0.72$, 抗力係数 $C_\mathrm{D} = 0.17$ とし，空気の密度は $\rho = 1.204$ kg/m^3 とする．

第7章 円管内の流れ

　私たちの身の回りから化学プラントや発電プラントなどの各種産業界のものづくりの現場に至るまで，非常に多くの場所で使われているものに，円管がある．管壁に囲まれた流れである円管内の流れは，内部流れの基本的なものであり，取り扱いも比較的容易である．

　本章では，円管内の流れを題材として，実存する粘性流体における，層流，乱流，損失，さらに管路形状の影響を学ぶ．

> **キーワード**　管摩擦損失，ハーゲン-ポアズイユ流れ，レイノルズ応力，ムーディ線図

7.1 円管内の流れの変化

　図 7.1 に示すように，大きな容器に円管が接続され，流体がまっすぐな円管に流入している場合を考える．丸みをもつ入口部では，速度分布はほぼ一様である．しかし，粘性流体では管壁で流速がゼロとなるので，下流に進むに従い，管壁から**境界層**（第9章詳述）が発達し，管壁付近の流速は小さくなり，流速が一定の領域は狭くなって中心付近に限られる．ついには粘性の影響が中心まで及び，流速が一定である領域が消滅する．観察される速度分布も変化していき，ついに一定の速度分布の状態になる．この一定になった流れを，**十分に発達した流れ**（fully developed flow）という．管入口から十分に発達した流れになるまでの区間を**助走区間**（inlet region），その区間の長さを**助走距離**（inlet length）といい，図中の l がこれにあたる．

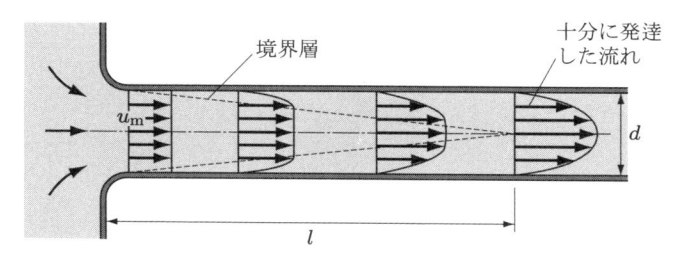

図 7.1　助走区間の流れ

6.4 節で述べたように，臨界レイノルズ数以下では，助走区間内の流れも，十分に発達した流れも層流である．一方，十分高いレイノルズ数では助走区間内で乱流の境界層に遷移し，十分発達した流れも乱流となる．この助走区間の長さは，実験と理論の両面から求められており，層流の場合，

$$l = (0.06 \sim 0.065)\, Re \cdot d \tag{7.1}$$

である．ここで，Re はレイノルズ数で $Re = u_\mathrm{m} d/\nu$，d は管の直径，u_m は管断面の平均流速である．乱流の場合は，

$$l = (25 \sim 40)\, d \tag{7.2}$$

である．

7.2 管摩擦損失

流体の粘性によって，管内には**管摩擦損失**（friction loss of pipe flow）が存在し，下流へ流れるに従い圧力が低下する．ベルヌーイの式では，損失を無視してエネルギー保存を考えているが，実存する粘性流体では粘性によるエネルギー損失によって**圧力降下**（pressure drop）が起こる．この圧力の変化を**圧力損失**（pressure loss）Δp で表す．また，管路に立てた液柱の高さとして**損失ヘッド**（head loss），または**損失水頭** Δh で表すこともよくあり，両者は，$\Delta p = \rho g \Delta h$ の関係にある．

いま，図 7.2 に示すように，円管内の十分に発達した流れを考える．断面 1 と断面 2 の間には圧力降下があり，この損失ヘッドを Δh として，エネルギーの式を考える．ベルヌーイの式 (4.30) は損失のない式であるので，これを次式のように拡張することができる．

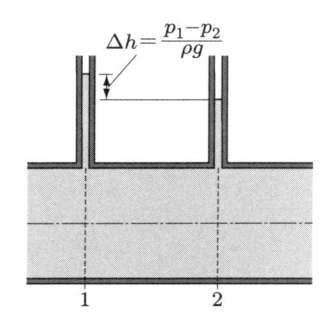

図 7.2 水平な円管流れの圧力損失

$$\frac{u_1^2}{2} + \frac{p_1}{\rho} + gz_1 = \frac{u_2^2}{2} + \frac{p_2}{\rho} + gz_2 + g\Delta h \tag{7.3}$$

ここで，u は流速，p は圧力，ρ は密度，g は重力加速度である．また，添字は円管の断面位置を示す．管が水平に置かれ，その断面が一様で，かつ流れが十分に発達しているとき，$z_1 = z_2$ であり，連続の式より $u_1 = u_2$ となるから，

$$\Delta h = \frac{p_1 - p_2}{\rho g} \tag{7.4}$$

となる．このことより，断面1と断面2との間に圧力差を付けなければ，管摩擦損失に打ち勝てないので，流体は流れない．

円管流れでは，この損失ヘッドを次式で表す．

$$\Delta h = \lambda \frac{l}{d} \frac{u_\mathrm{m}^2}{2g} \tag{7.5}$$

ここで，λ は**管摩擦係数** (coefficient of pipe friction) といい，d は管の内径，l は管の長さ，u_m は管断面の平均流速である．この関係式を**ダルシー－ワイスバッハ** (Darcy-Weisbach) **の式**という．また，λ の値は，レイノルズ数および管壁の粗さの関数になり，層流と乱流とではまったく異なった値をとる．

7.3 円管内の層流

円管内の流れの臨界レイノルズ数 Re_c は約 2300 であり，レイノルズ数がこれ以下のときは層流となる．図 7.3 に示すように，水平に置かれた半径 R の円管内で定常な流れがあるとする．軸方向に x 軸をとり，半径 r で長さ $\mathrm{d}x$ の微小流体円柱を考える．この微小円柱の左端面には，p の圧力，右端面には $p + (\mathrm{d}p/\mathrm{d}x)\,\mathrm{d}x$ が作用する．微小円柱表面には，せん断応力 τ が作用するので，力のつり合いは，

$$\pi r^2 p - \pi r^2 \left(p + \frac{\mathrm{d}p}{\mathrm{d}x}\mathrm{d}x\right) - 2\pi r\mathrm{d}x \cdot \tau = 0 \tag{7.6}$$

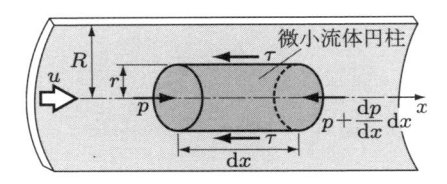

図 7.3 円管内の流体に作用する力

となり，

$$\tau = -\frac{r}{2}\frac{\mathrm{d}p}{\mathrm{d}x} \tag{7.7}$$

が得られる．壁面では $r = R$ であり，$\tau = \tau_\mathrm{w}$ とすれば τ_w は最大値をとり，つぎの式で与えられる．

$$\tau_\mathrm{w} = -\frac{R}{2}\frac{\mathrm{d}p}{\mathrm{d}x} = \frac{R}{2}\frac{\Delta p}{l} \tag{7.8}$$

ここで，Δp はある区間の距離 l の間における圧力降下を示し，$\mathrm{d}p/\mathrm{d}x = -\Delta p/l$ である．管壁上のせん断応力である τ_w を壁面せん断応力といい，摩擦力となり，エネルギー損失になる．

　一方，円管内の流れが層流のときには，第 2 章で述べたニュートンの粘性法則が成り立つ．式 (2.8) で，管壁からの距離 y の代わりに管軸からの距離 r を使うため，$y = R - r$ を代入すると，

$$\tau = -\mu\frac{\mathrm{d}u}{\mathrm{d}r} \tag{7.9}$$

となる．式 (7.7) と (7.9) の両者を等しいとすると，次式が得られ，

$$\frac{\mathrm{d}u}{\mathrm{d}r} = \frac{r}{2\mu}\frac{\mathrm{d}p}{\mathrm{d}x} \tag{7.10}$$

さらに両辺を r について積分すると，

$$u = \frac{1}{4\mu}\frac{\mathrm{d}p}{\mathrm{d}x}r^2 + C \tag{7.11}$$

となる．$r = R$ のとき $u = 0$ であるから，積分定数 C は，

$$C = -\frac{1}{4\mu}\frac{\mathrm{d}p}{\mathrm{d}x}R^2 \tag{7.12}$$

となる．これを代入すると流速 u は，次式のように得られる．

$$u = -\frac{1}{4\mu}\frac{\mathrm{d}p}{\mathrm{d}x}\left(R^2 - r^2\right) \tag{7.13}$$

式 (7.13) は円管内の流れが層流のときの速度であり，r の 2 次式で放物線を表すが，流れは軸対称であるから速度分布は回転放物面になっている．管の中心の速度が最大になるので，$r = 0$ とおけば，**最大流速** u_max は次式となる．

$$u_{\max} = -\frac{1}{4\mu}\frac{\mathrm{d}p}{\mathrm{d}x}R^2 \tag{7.14}$$

このため，u と $u_{\max}$ の間にはつぎの関係が得られる．

$$u = u_{\max}\left(1 - \frac{r^2}{R^2}\right) \tag{7.15}$$

また，流量 Q は，式 (7.13) の流速 u に微小断面積 $2\pi r\mathrm{d}r$ を掛けて 0 から R まで積分すれば，

$$Q = \int_0^R u \cdot 2\pi r\mathrm{d}r = -\frac{\pi R^4}{8\mu}\frac{\mathrm{d}p}{\mathrm{d}x} \tag{7.16}$$

が得られる．**平均流速** u_m は，

$$u_\mathrm{m} = \frac{Q}{\pi R^2} = -\frac{R^2}{8\mu}\frac{\mathrm{d}p}{\mathrm{d}x} \tag{7.17}$$

となり，最大流速と比較すると，$u_\mathrm{m} = u_{\max}/2$ となることがわかる．式 (7.7) と (7.13) のせん断応力分布と流速分布を図 7.4 に示す．

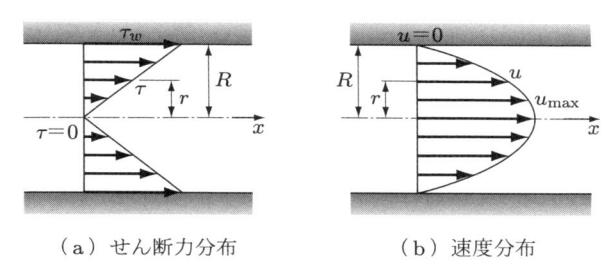

（a）せん断力分布　　　　　　（b）速度分布

図 7.4 円管内の層流時のせん断力分布と速度分布

式 (7.16) を圧力 p に関して，円管に沿って l だけ離れた 2 点間で積分すると，

$$-\int_{p_1}^{p_2} \mathrm{d}p = \frac{8\mu Q}{\pi R^4}\int_0^l \mathrm{d}x = \frac{128\mu Q}{\pi d^4}\int_0^l \mathrm{d}x \tag{7.18}$$

となり，したがって

$$Q = \frac{\pi d^4}{128\mu}\frac{p_1 - p_2}{l} \tag{7.19}$$

が得られる．ここで，d は管の内径である．この関係は，ハーゲン（Hagen）とポアズイユ（Poiseuille）によってそれぞれ独立に見出されたので，**ハーゲン－ポアズイユ**

の法則（Hagen-Poiseuille formula）という．また，このような流れを**ハーゲン－ポアズイユ流れ**（Hagen-Poiseuille flow）という．

式 (7.19) は層流の場合に成り立ち，乱流では成り立たない．この式を変形すると，$p_1 - p_2 = \Delta p$ とおけるから

$$\Delta p = 128 \frac{\mu l}{\pi d^4} Q = 128 \frac{\mu l}{\pi d^4} \frac{\pi d^2}{4} u_\mathrm{m} = \frac{64}{Re} \frac{l}{d} \frac{\rho u_\mathrm{m}^2}{2} \tag{7.20}$$

となる．ここで，u_m は管内の平均流速，Re はレイノルズ数で，$Re = u_\mathrm{m} d/\nu = u_\mathrm{m} d/(\mu/\rho)$ である．この式と，前述のダルシー－ワイスバッハの式 (7.5) を比較することにより，層流の**管摩擦係数** λ は，

$$\lambda = \frac{64}{Re} \tag{7.21}$$

となる．この式は実験値とよく一致する．λ はレイノルズ数のみの関数であり，管壁の表面粗さに関係しない．

例題 ◼ 7.1

内径 $d = 0.02\,\mathrm{m}$ の円管内を平均流速 $u_\mathrm{m} = 0.1\,\mathrm{m/s}$ で水が水平に流れているとする．圧力降下の勾配を求めよ．また，管壁でのせん断応力を求めよ．さらに，圧力降下とせん断力はつり合っていることを示せ．ただし，水の密度は $\rho = 1.0 \times 10^3\,\mathrm{kg/m^3}$，粘度は $\mu = 1.52 \times 10^{-3}\,\mathrm{Pa \cdot s}$ であるとする．

▷ **解** 円管内の流れのレイノルズ数は

$$Re = \frac{u_\mathrm{m} d}{\nu} = \frac{u_\mathrm{m} d}{\mu/\rho} = \frac{0.1 \times 0.02}{1.52 \times 10^{-6}} = 1316 = 1320$$

であり，層流であることがわかる．式 (7.17) より圧力降下の勾配は，

$$-\frac{\mathrm{d}p}{\mathrm{d}x} = \frac{8\mu u_\mathrm{m}}{(d/2)^2} = \frac{8 \times 1.52 \times 10^{-3} \times 0.1}{0.01^2} = 12.16\,\mathrm{Pa/m} = 12.2\,\mathrm{Pa/m}$$

となる．管壁から受けるせん断応力は式 (7.8) より，流れに逆らう方向に

$$\tau_\mathrm{w} = -\frac{d}{4}\frac{\mathrm{d}p}{\mathrm{d}x} = \frac{0.02 \times 12.16}{4} = 0.0608\,\mathrm{Pa} = 0.0608\,\mathrm{N/m^2}$$

となる．このため，流れが円管より受ける単位長さあたりのせん断力は，

$$F_\mathrm{s} = \pi d \tau_\mathrm{w} = 3.142 \times 0.02 \times 0.0608 = 3.82 \times 10^{-3}\,\mathrm{N/m}$$

となる．作用・反作用の関係により，円管は流体から流れ方向にこのせん断力を受ける．一方，圧力降下により，流体が受けることになる単位長さあたりの力は，図 7.3

において流れ方向に,

$$F_\mathrm{p} = \frac{\pi}{4}d^2\left(-\frac{\mathrm{d}p}{\mathrm{d}x}\right) = \frac{3.142}{4} \times 0.02^2 \times 12.16 = 3.82 \times 10^{-3}\,\mathrm{Pa\cdot m}$$
$$= 3.82 \times 10^{-3}\,\mathrm{N/m}$$

となり,両者はつり合うことがわかる.

例題 ■ 7.2

同じ断面積をもつ円形と正方形の二つの一様な管路において,同じ圧力勾配で水を流すときの流量を比較せよ.

▷ **解** 断面が円形でない管に対して管摩擦損失を求めるとき,断面の代表寸法として,断面積を流体が壁に接している部分,すなわち**ぬれ縁**(wetted perimeter)の長さで割って得られる**流体平均深さ**(hydraulic mean depth,または**水力平均深さ**)を用いる.円形と正方形を比較するので,両者にこれを適用し,円形の流体平均深さを m_1,正方形を m_2 とすれば,同じ圧力勾配だから,

$$\Delta h = \lambda \frac{l}{m_1}\frac{u_{m_1}^2}{2g} = \lambda \frac{l}{m_2}\frac{u_{m_2}^2}{2g}$$

となる.これより

$$u_{m_1} = \sqrt{\frac{2g\Delta h}{\lambda l}m_1}, \quad u_{m_2} = \sqrt{\frac{2g\Delta h}{\lambda l}m_2}$$

となる.流量をそれぞれ Q_1, Q_2 とすれば,両管とも同じ断面積だから,流量の比は

$$\frac{Q_2}{Q_1} = \frac{u_{m_2}}{u_{m_1}} = \frac{\sqrt{m_2}}{\sqrt{m_1}}$$

であり,流量が最大となるような断面形は流体平均深さが最大のときであり,断面積が一定で周囲長さが最小になるのは円形である.円形と正方形の流体平均深さは,直径を d,正方形の一辺の長さを a とすれば,

$$m_1 = \frac{(\pi/4)d^2}{\pi d} = \frac{d}{4}, \quad m_2 = \frac{a^2}{4a} = \frac{a}{4}$$

であり,$\pi d^2/4 = a^2$ であるから $a = \sqrt{\pi/4}\,d$ となる.これを上式の流量比の式に代入すると,

$$\frac{Q_2}{Q_1} = \sqrt{\frac{m_2}{m_1}} = \sqrt{\frac{a}{d}} = \left(\frac{\pi}{4}\right)^{\frac{1}{4}} = 0.941$$

となり,正方形管の流量は円管の 94% となることがわかる.

7.4 円管内の乱流

円管内の層流では，速度分布を理論解析で求めることができたが，乱流では理論的な解析により流速を求めることは難しい．したがって，実験的解析に基づく乱流運動のモデル化により，流れを解析しなければならない．

7.4.1 ■ 乱流のせん断応力

レイノルズ数が大きくなると，円管内の流れは速度が時間的に不規則な変動を行う乱流となる．この不規則な変動は，分子運動よりもはるかに大きな規模である．簡単化のため，図 7.5 に示すように流れは 2 次元とし，x 方向は壁面に沿い，y 方向は壁面に垂直とする．x, y 方向の速度 u, v，および圧力 p は，時間的平均値と変動値に分けると，つぎのようになる．

$$u = \bar{u} + u', \quad v = \bar{v} + v', \quad p = \bar{p} + p' \tag{7.22}$$

ここで，$\bar{}$（バー）は時間平均，$'$（プライム）は変動分を示す．x 方向については，

$$\bar{u} = \frac{1}{T}\int_0^T u\,\mathrm{d}t, \quad \bar{u}' = \frac{1}{T}\int_0^T u'\,\mathrm{d}t = 0 \tag{7.23}$$

である．ここで，T は時間間隔で，変動のスケールより十分長いとする．y 方向については，時間平均値は $\bar{v} = 0$ であるから，

$$v = v', \quad \bar{v}' = 0 \tag{7.24}$$

となる．

図に示した流れにおいて，x 軸に平行で y 軸に垂直な微小面積 $\mathrm{d}A$ を通して，速度 v' で y 方向に流出する質量流量は，$\rho v'\mathrm{d}A$ である．この質量流量は，速度 u で x 方向に運動するので，運動量 $\rho v' u \mathrm{d}A$ が x 方向に変化することになる．したがって，単位

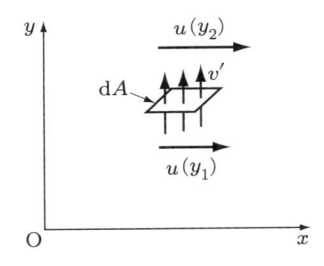

図 7.5 流れの乱れによる運動量の輸送

面積を通して下側の流体から上側の流体に移動する x 方向の運動量の時間平均は次式となる．

$$\left[\frac{1}{T}\int_0^T (\rho v' u \mathrm{d}A)\mathrm{d}t\right]\bigg/ \mathrm{d}A = \frac{1}{T}\int_0^T \rho v'(\bar{u}+u')\mathrm{d}t = \rho\overline{u'v'} \tag{7.25}$$

ここで，一般的に $\rho\overline{u'v'} \neq 0$ であり，下側の流体が単位面積あたり $\rho\overline{u'v'}$ の運動量が減少したので，運動量の法則より，下側の流体は上側の流体から，次式のせん断応力 τ' を受けたことになる．ここで，せん断応力の向きは流れ方向を正にとっている．

$$\tau' = -\rho\overline{u'v'} \tag{7.26}$$

このせん断応力を**レイノルズ応力**（Reynolds stress）という．変動分は不規則な現象であるが流体の連続性を考えると，u' と v' との間には，$\mathrm{d}\bar{u}/\mathrm{d}y > 0$ のとき u' と v' の異符号になる確率が高く，$\overline{u'v'}$ は多くの場合負になる．レイノルズ応力は，現在のところ理論的に与えることができないが，**プラントル**（Prandtl）によれば，レイノルズ応力を以下のように表現できる．

図 7.6 に示すように，せん断流れのある層の x 方向の速度変動 u' は，ある距離 $\pm l$ だけ離れた層の速度 $\bar{u}(y+l), \bar{u}(y-l)$ と $\bar{u}(y)$ との速度差に比例すると仮定し，さらに y 方向の速度変動の大きさは x 方向の速度変動の大きさと同じ程度と仮定する．ここで，テイラー級数展開の一般式は数学の公式より，

$$f(x+\Delta x) = f(x) + \frac{\Delta x}{1!}\frac{\mathrm{d}f(x)}{\mathrm{d}x} + \frac{(\Delta x)^2}{2!}\frac{\mathrm{d}^2 f(x)}{\mathrm{d}x^2} + \cdots$$

であり，これを適用すると，

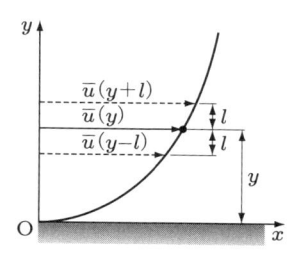

$$\bar{u}(y+l) = \bar{u}(y) + \frac{l}{1!}\frac{\mathrm{d}\bar{u}}{\mathrm{d}y} + \frac{l^2}{2!}\frac{\mathrm{d}^2\bar{u}}{\mathrm{d}y^2} + \cdots \tag{7.27}$$

となる．2 次以上の高次項を省略できるとすると，次式の関係が得られる．

図 7.6 2 次元せん断流れと混合長

$$|u'| \fallingdotseq l\left|\frac{d\bar{u}}{dy}\right|, \quad |v'| \fallingdotseq |u'| \tag{7.28}$$

また,レイノルズ応力は,速度勾配 $d\bar{u}/dy$ と同符号と考えられるから,式 (7.28) より,次式が得られる.

$$\tau' = -\rho\overline{u'v'} = \rho l^2 \left|\frac{d\bar{u}}{dy}\right|\frac{d\bar{u}}{dy} \tag{7.29}$$

この式が乱流のせん断応力を示す式で,l を**混合距離**(mixing length)といい,このような考え方を**混合長理論**(mixing length theory),または**運動量輸送理論**(momentum transfer theory)という.

乱流の全体のせん断応力 τ には,レイノルズ応力 τ' のほかに,粘性によるせん断応力も含まれるので,$\tau' = -\rho\overline{u'v'} = \mu_t (d\bar{u}/dy) = \rho\varepsilon (d\bar{u}/dy)$ と置き換えておくと,次式が得られる.

$$\tau = \mu\frac{d\bar{u}}{dy} + \tau' = \mu\frac{d\bar{u}}{dy} - \rho\overline{u'v'} = \mu\frac{d\bar{u}}{dy} + \mu_t\frac{d\bar{u}}{dy} = \rho(\nu + \varepsilon)\frac{d\bar{u}}{dy} \tag{7.30}$$

ここで,ν は**動粘度**であり,ε は**渦動粘度**(eddy kinematic viscosity)または**乱流動粘度**(turbulence kinematic viscosity)という.また,$\mu_t = \rho\varepsilon$ は**渦粘度**(eddy viscosity)または**乱流粘度**(turbulence viscosity)という.

7.4.2 ■ なめらかな円管内の乱流の速度分布と管摩擦係数

以下,実験的に得られたいくつかの乱流に関する法則について述べる.

(1) **対数法則** 円管内の乱流のせん断応力は,前節で述べた式 (7.30) からわかるように,**粘性によるせん断応力とレイノルズ応力**との和である.図 7.7 は,長方形管 (1 m × 0.244 m) の中心軸を含む壁に垂直な断面で測定された結果である.横軸は壁面からの距離を一辺の長さの半分 ($H/2$) で無次元化しており,フルスケールが管の中央に相当する.また,縦軸は応力値に相当する.破線の縦軸の値は,式 (7.30) の左辺を密度 ρ で除した値でせん断応力の合計に相当し,実線がレイノルズ応力に相当する.壁面から離れたところではせん断応力はほぼレイノルズ応力が主となり,壁にごく近いところではレイノルズ応力が急激に減少し,粘性によるせん断応力が主となっていることがわかる.円管の場合も同様の傾向である.

壁面のごく近傍ではレイノルズ応力は小さくなり,粘性によるせん断応力が支配的になるので,せん断応力はすべて粘性によるとし,さらに速度が直線的な分布と仮定

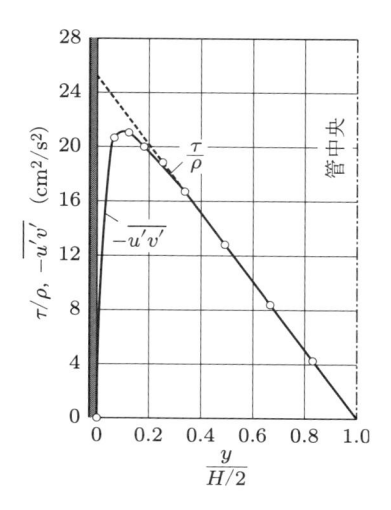

図 7.7 長方形管内の乱流のせん断力分布（H は長方形管の一辺の長さ）
（日本機械学会編：機械工学便覧 基礎編 $\alpha 4$ 流体工学, 日本機械学会, 2006.）

すれば，壁面せん断応力 τ_w は

$$\tau_\mathrm{w} = \mu \frac{u}{y} \tag{7.31}$$

となる．$u_* = \sqrt{\tau_\mathrm{w}/\rho}$ という**摩擦速度**（friction velocity）で置き換えると，

$$u = \frac{\tau_\mathrm{w}}{\mu} y = \frac{\rho}{\mu} u_*^2 y = \frac{u_*^2 y}{\nu} \tag{7.32}$$

となる．よって，次式が得られる．

$$\frac{u}{u_*} = \frac{u_* y}{\nu} \tag{7.33}$$

上式は，図 7.8 に示す①に対応し，$u_* y/\nu < 5\ (\log(u_* y/\nu) < 0.7)$ の領域で実験と合うことが確認されている．この領域は層流に近い性質を示し，**粘性底層**（viscous sublayer）という．なお，流速分布形状を考えるときは，横軸は対数をとっていることに留意しなければならない．

他方，壁面から少し離れたところについて考えよう．プラントルの混合距離は，$l = ky$ とし，k は実験で定められる定数とする．また，粘性底層内では，速度分布は直線的に変化し，せん断応力は一定であるので，せん断応力 τ は壁面せん断応力 τ_w と等しいとおける．以下，時間的平均の流速 $\bar{u}$ をあらためて u で置き換えて議論を進めることにして，このとき，式 (7.29) より

$$\tau_\mathrm{w} = \rho l^2 \left|\frac{\mathrm{d}\bar{u}}{\mathrm{d}y}\right|\frac{\mathrm{d}\bar{u}}{\mathrm{d}y} = \rho k^2 y^2 \left(\frac{\mathrm{d}u}{\mathrm{d}y}\right)^2 \tag{7.34}$$

の関係が得られる．これより，

$$\frac{\mathrm{d}u}{\mathrm{d}y} = \frac{u_*}{ky} \tag{7.35}$$

となる．ここで，u_* は前述したように摩擦速度で $u_* = \sqrt{\tau_\mathrm{w}/\rho}$ である．上式を変形して積分し，実験的に k と積分定数を決めると，次式が得られる．

$$\frac{u}{u_*} = 2.5 \ln \frac{u_* y}{\nu} + 5.5 = 5.75 \log \frac{u_* y}{\nu} + 5.5 \tag{7.36}$$

この式は，$u_* y/\nu > 70$ ($\log(u_* y/\nu) > 1.85$) の領域で実験と合うことが確認されており，図 7.8 の③に対応し，速度分布の**対数法則**（log law）という．この領域を**乱流域**，または**内層**（inner layer）という．また，この関係はプラントルによって初めて導かれた式で，プラントルの**壁法則**（wall law）という．また，粘性底層と隣接して，中間層として粘性によるせん断応力とレイノルズ応力が同程度に現れる**遷移層**（transition layer）が存在する．その範囲は $5 < u_* y/\nu < 70$ であり，図 7.8 の②に対応する．

式 (7.36) を管の中心に適用すると，$y = R$ で最大流速 u_max が得られるから，

$$\frac{u_\mathrm{max}}{u_*} = 5.75 \log \frac{u_* R}{\nu} + 5.5 \tag{7.37}$$

となる．上式から式 (7.36) を引くと，

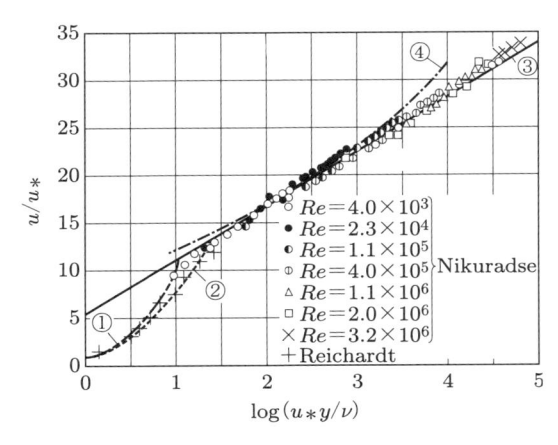

図 **7.8** 円管内の流速分布，①粘性底層，②遷移層，③対数法則，④1/7 べき法則
（日本機械学会編：機械工学便覧 基礎編 α4 流体工学，日本機械学会，2006．）

$$\frac{u_{\max} - u}{u_*} = 5.75 \log \frac{R}{y} \tag{7.38}$$

が得られる．上式は，管中心における最大流速 $u_{\max}$ からの**速度欠損** $(u_{\max} - u)$ を表す式で，**速度欠損則**（velocity defect law）という．

対数速度分布から管摩擦係数 λ を求めるためには，ダルシー–ワイスバッハの式と比較する必要がある．平均流速 u_{m} を求めるには，

$$u_{\mathrm{m}} = \frac{1}{\pi R^2} \int_0^R u\,(2\pi r)\mathrm{d}r \tag{7.39}$$

の関係を使って，式 (7.38) を変形して管断面にわたって積分すると次式が得られる．

$$u_{\mathrm{m}} = u_{\max} - 3.75 u_* \tag{7.40}$$

上式から，式 (7.37) を使って $u_{\max}$ を消去すると，

$$\frac{u_{\mathrm{m}}}{u_*} = 5.75 \log \frac{u_* R}{\nu} + 1.75 \tag{7.41}$$

となる．ところで，壁面せん断応力 τ_{w} は式 (7.8) より，

$$\tau_{\mathrm{w}} = \frac{R}{2} \frac{\Delta p}{l} = \frac{d}{4l} \cdot \lambda \frac{l}{d} \frac{\rho u_{\mathrm{m}}^2}{2} = \frac{\lambda \rho u_{\mathrm{m}}^2}{8} \tag{7.42}$$

であり，摩擦速度の関係式の $\tau_{\mathrm{w}} = \rho u_*^2$ を用いて，上式の τ_{w} を消去すると，

$$\frac{u_{\mathrm{m}}}{u_*} = \frac{2\sqrt{2}}{\sqrt{\lambda}} \tag{7.43}$$

となる．これを式 (7.41) に代入して整理すれば，管摩擦係数 λ を求める次式が得られる．

$$\frac{1}{\sqrt{\lambda}} = 2.03 \log \left(Re\sqrt{\lambda}\right) - 0.91 \tag{7.44}$$

実験結果に合わせて上式の係数を修正すると，なめらかな円管について，

$$\frac{1}{\sqrt{\lambda}} = 2 \log \left(Re\sqrt{\lambda}\right) - 0.8 \quad (Re = 3 \times 10^3 \sim 3 \times 10^6) \tag{7.45}$$

となる．これを，**プラントル–カルマン**（Prandtl-Karman）**の式**という．

なお，より簡便な式として，つぎの**ブラジウス**（Blasius）**の式**がある．

$$\lambda = 0.3164/Re^{1/4} \quad (Re = 3 \times 10^3 \sim 10^5) \tag{7.46}$$

例題 ◨ 7.3

内径 $d = 0.05\,\mathrm{m}$, 長さ $l = 100\,\mathrm{m}$ の内壁がなめらかで, 真っ直ぐな配管がある. 平均流速 $1.5\,\mathrm{m/s}$ の水を流したときの損失水頭を求めよ. ただし, 水の動粘度は 20℃ 近くで $\nu = 1.0 \times 10^{-6}\,\mathrm{m^2/s}$ とする. なお, 管摩擦係数はブラジウスの式で求めよ.

▷ **解** レイノルズ数は,

$$Re = \frac{u_\mathrm{m} d}{\nu} = \frac{1.5 \times 0.05}{1.0 \times 10^{-6}} = 7.5 \times 10^4$$

となり, 乱流である. 管摩擦係数はブラジウスの式によると, 式 (7.46) より

$$\lambda = 0.3164/Re^{1/4} = \frac{0.3164}{(7.5 \times 10^4)^{1/4}} = \frac{0.3164}{16.55} = 0.0191$$

となる. 損失水頭は, ダルシー－ワイスバッハの式 (7.5) より重力加速度を $g = 9.8\,\mathrm{m/s^2}$ とすると, 次式で得られる.

$$\Delta h = \lambda \frac{l}{d} \frac{u_\mathrm{m}^2}{2g} = 0.0191 \times \frac{100}{0.05} \times \frac{1.5^2}{2 \times 9.8} = 4.39\,\mathrm{m}$$

(2) **指数法則** 円管内の速度分布をつぎの関数で近似することもできる.

$$\frac{u}{u_\mathrm{max}} = \left(\frac{y}{R}\right)^{\frac{1}{n}} \tag{7.47}$$

ここで, u は円管内の軸方向流速, u_max は円管の中心における最大流速, R は円管の内半径, y は内壁からの距離である. n はレイノルズ数により変化し $n = 6 \sim 9$ であり, 実験的に決められる. この速度分布の式を**指数法則**（power law）またはべき法則という. 指数法則には理論的な根拠はないが, 実験値に合うことで知られている. しかし, 管の中心では速度勾配 du/dy がゼロにならなければならないのにならないこと, および管壁では速度勾配が無限大となり, 壁面のせん断応力 τ_w を求めることができないことなどの欠点がある.

7.4.3 ■ あらい円管内の乱流の速度分布と管摩擦係数

乱流の場合, 管壁の表面粗さによって速度分布や管摩擦係数が変化する. 図 7.9 はムーディ（Moody）**線図**といい, これらの関係をまとめたものである. 以下, これらの線図の詳細について述べる.

管内壁の凹凸の平均高さを ε とするとき, $u_* \varepsilon / \nu$ という**粗さレイノルズ数**（roughness Reynolds number）の値によって粗さの影響はつぎのように分けられる. なお, ε/d を**相対粗度**という.

(i) $u_*\varepsilon/\nu < 5$ のとき，管内壁の凹凸は粘性底層内に含まれ，なめらかな円管と同じ扱いができる．式 (7.45) を用いればよく，図 7.9 の左中央部分のなめらかな管と示された線図に対応する．

(ii) $5 \leq u_*\varepsilon/\nu < 70$ のとき，管内壁の凹凸は粘性底層の厚さより大きくなり，粗さの影響が出てくる．管摩擦係数 λ はレイノルズ数と粗さの関数になり，**コールブルック**（Colebrook）はつぎの実験式を与えている．

$$\frac{1}{\sqrt{\lambda}} = -2\log\left(\frac{\varepsilon/d}{3.71} + \frac{2.51}{Re\sqrt{\lambda}}\right) \tag{7.48}$$

これは，図 7.9 の左下部分の中間領域と示された線図領域に対応する．

(iii) $70 \leq u_*\varepsilon/\nu$ のとき，管内壁の凹凸の高さは内層まで入り込み，完全粗面であるという．このとき混合長距離 l は，壁面から少し離れたところでは，式 (7.34) の関係のなめらかな円管の場合と変わらず，対数速度分布が適用できる．式 (7.35) を変形して積分し，実験的に定数を定めれば次式となる．

$$\frac{u}{u_*} = 5.75\log\frac{y}{\varepsilon} + 8.5 \tag{7.49}$$

管摩擦係数 λ は，上式を使って λ を求めると，レイノルズ数に無関係になり，相対粗度のみの関数になる．**カルマン－ニクラゼ**（Karman-Nikuradse）は，

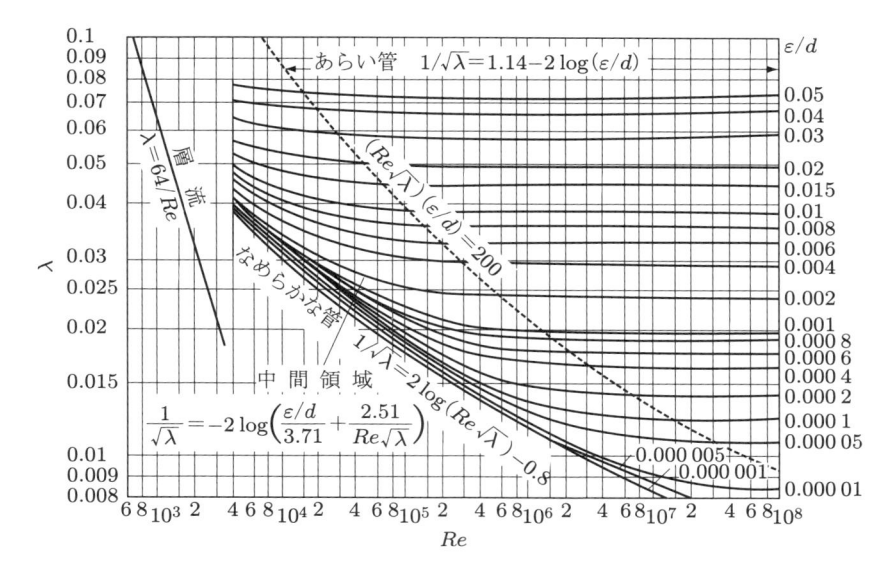

図 **7.9** ムーディ線図
　　　　（日本機械学会編：機械工学便覧 基礎編 $\alpha 4$ 流体工学，日本機械学会，2006．）

あらい円管について係数を実験値で修正して次式を与えている．

$$\frac{1}{\sqrt{\lambda}} = 2\log\frac{d}{\varepsilon} + 1.14 = 1.14 - 2\log\frac{\varepsilon}{d} \tag{7.50}$$

これは，図 7.9 の上部領域のあらい管と示された線図領域に対応する．

例題 7.4

内径がともに $d = 0.4\,\mathrm{m}$ である，鋼製の配管とコンクリート製の配管がある．両方の配管に水を流すとき，内面の粗さを考慮しないでよい限界の最大流速はそれぞれいくらか．鋼管とコンクリート管の粗度はそれぞれ $0.01\,\mathrm{mm}$ と $1.0\,\mathrm{mm}$ とする．ただし，水の動粘度は $1.0 \times 10^{-6}\,\mathrm{m^2/s}$ とする．

▷ **解** $u_*\varepsilon/\nu < 5$ のとき，管内壁の凹凸は粘性底層内に含まれ，なめらかな円管と同じ扱いができるので，限界の摩擦速度は次式で与えられる．

$$u_* = \frac{5\nu}{\varepsilon}$$

鋼管のとき，$\varepsilon = 1.0 \times 10^{-5}\,\mathrm{m}$ だから，$u_* = 5\nu/\varepsilon = (5 \times 1.0 \times 10^{-6})/1.0 \times 10^{-5} = 0.5\,\mathrm{m/s}$ となる．コンクリート管のときは，$\varepsilon = 1.0 \times 10^{-3}\,\mathrm{m}$ だから，$u_* = 5\nu/\varepsilon = 0.005\,\mathrm{m/s}$ となる．配管中央において，内面の粗さを考慮しないでよい限界の最大流速は，式 (7.37) で $R = 0.2\,\mathrm{m}$ とし，さらにそれぞれの限界の摩擦速度を代入すれば，鋼製の場合，

$$\begin{aligned}u_{\max} &= \left(5.75\log\frac{u_* R}{\nu} + 5.5\right)u_* = \left(5.75\log\frac{0.5 \times 0.2}{1.0 \times 10^{-6}} + 5.5\right) \times 0.5 \\ &= (5.75 \times 5 + 5.5) \times 0.5 = 17.1\,\mathrm{m/s}\end{aligned}$$

となり，コンクリート製の場合はつぎのようになる．

$$\begin{aligned}u_{\max} &= \left(5.75\log\frac{0.005 \times 0.2}{1.0 \times 10^{-6}} + 5.5\right) \times 0.005 \\ &= (5.75 \times 3 + 5.5) \times 0.005 = 0.114\,\mathrm{m/s}\end{aligned}$$

7.5 管路内の流れと損失

これまで，管の粗さと流れの関係を学んできたが，ここでは管路について学ぼう．

7.5.1 ■ 急拡大管・縮小管

管の断面が急に変化する場合を考えてみる．

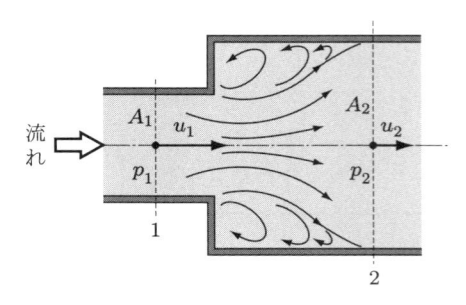

図 7.10 急拡大管の流れ

(1) **急拡大管**　図 7.10 に示すような管の断面積が段差状に拡大している急拡大管 (abrupt expansion pipe) では，流体は拡大管に噴流状に流入する．急拡大による損失ヘッドを Δh とすれば，ベルヌーイの式は

$$\frac{p_1}{\rho g} + \frac{u_1^2}{2g} = \frac{p_2}{\rho g} + \frac{u_2^2}{2g} + \Delta h \tag{7.51}$$

となる．ここで，p は圧力，u は流速，ρ は流体の密度であり，g は重力加速度である．添え字の 1 および 2 は拡大前と後を示す．圧力 p_1 は上流側の断面積 A_1 と急拡大部の輪状の面における圧力でもあると考えられるので，これを使って拡大直後の検査体積に運動量の法則を適用すると，

$$p_1 A_1 + p_1(A_2 - A_1) - p_2 A_2 = (\rho u_2 A_2)u_2 - (\rho u_1 A_1)u_1 \tag{7.52}$$

となる．ここで，A_2 は下流側の断面積である．また，連続の式は

$$A_1 u_1 = A_2 u_2 \tag{7.53}$$

である．式 (7.52) と (7.53) を用いて A_1，A_2 を消去し，整理して式 (7.51) と比較すると，

$$\Delta h = \frac{(u_1 - u_2)^2}{2g} = \left(1 - \frac{A_1}{A_2}\right)^2 \cdot \frac{u_1^2}{2g} = \zeta \frac{u_1^2}{2g} \tag{7.54}$$

が得られる．ここで，ζ は**損失係数** (loss coefficient) という．また，上式を**ボルダ－カルノー** (Borda-Carnot) **の式**という．

例題 7.5
直径 20 cm から直径 40 cm になる急拡大管がある．流量が $0.1\,\mathrm{m^3/s}$ のとき，損失ヘッドを求めよ．

▷ **解** 直径 20 cm の管内の流速は,
$$u_1 = \frac{Q}{\pi d_1^2/4} = \frac{0.1 \times 4}{\pi \times (0.2)^2} = 3.183\,\text{m/s}$$
となる．式 (7.54) より，重力加速度 $g = 9.8\,\text{m/s}^2$ として，損失ヘッド Δh は，つぎのようになる．
$$\Delta h = \left(1 - \frac{A_1}{A_2}\right)^2 \frac{u_1^2}{2g} = \left[1 - \left(\frac{d_1}{d_2}\right)^2\right]^2 \times \frac{(3.183)^2}{2 \times 9.8}$$
$$= (1 - 0.25)^2 \times 0.5169 = 0.291\,\text{m}$$

(2) 急縮小管 急拡大管とは反対に，断面積が急に縮小する急縮小管は，図 7.11 に示すように，縮小部のコーナー部近くに複数の渦が発生するため損失が生じる．流れは壁面ではく離して収縮した後に広がり，壁面に向かい，以降壁面に沿って流れる．この収縮する現象を**縮流**（contraction）という．急縮小による損失は，下流側の速度で表すと

$$\Delta h = \zeta \frac{u_2^2}{2g}, \quad \zeta = \left(\frac{1}{C_\text{C}} - 1\right)^2 \tag{7.55}$$

である．ここで，C_C は収縮係数で，A_C を収縮部の流れの断面積，A_2 を下流側の管の断面積とするとき，次式で与えられる．

$$C_\text{C} = \frac{A_\text{C}}{A_2} \tag{7.56}$$

図 7.12 に A_2/A_1 と C_C, ζ の関係を示す．

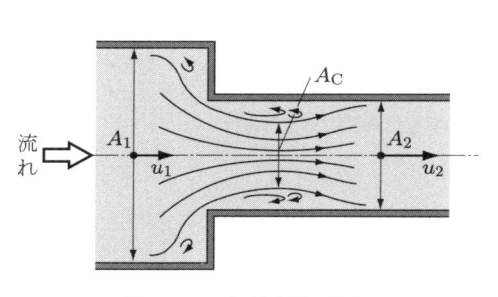

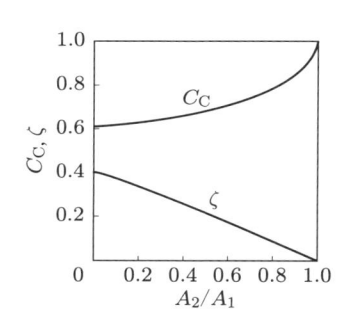

図 **7.11** 急縮小管の流れ　　図 **7.12** 急縮小管の収縮係数と損失係数

7.5.2 ■ ゆるやかな拡大管と縮小管

つぎに管の断面がゆるやかに変化する場合を考えよう．

(1) ゆるやかな拡大管　拡大管は下流に向かって圧力が増大し，はく離が生じやすい．広がり角 2θ を大きくすると，はく離による損失が増加する．損失をもっとも小さくするには，2θ は 5〜6° がよいが，15° まではそれほど大きな損失にはならない．

(2) ゆるやかな縮小管　縮小管は下流に向かって圧力が減少し，はく離が生じにくい．断面積がゆるやかに小さくなる縮小管では，はく離が起こらず，損失は管摩擦損失のみとみなせばよい．

7.5.3 ■ 曲がり管

曲がり管はベントやエルボともいうが，図 7.13 に示すように，はく離と **2 次流れ** (secondary flow) が生じる．図 (a) のように管内の主流は管の軸方向に向かっているが，図 (b) のように 2 次流れは主流の方向に垂直な断面内の流れである．これらによる損失を考慮する必要があり，損失は

$$\Delta h = \zeta_\mathrm{C} \frac{u^2}{2g} \tag{7.57}$$

となり，損失係数 ζ_C は，曲がり管に対して実験的に求められる．

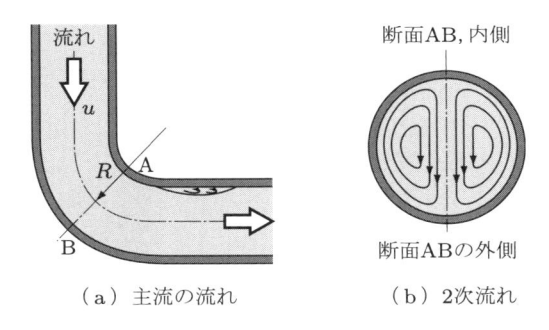

（a）主流の流れ　　　（b）2次流れ

図 **7.13**　曲がり管内の主流の流れと 2 次流れ

演習問題

[7.1]　ダルシー–ワイスバッハの式によって何が求められるか．式を用いて説明してもよい．

- [7.2] 層流から乱流になると，流れのせん断力に関して，粘性によるせん断力にさらにどのような応力が加わるか．
- [7.3] 粘性底層について説明せよ．また，円管内壁の粗さとの関係を述べよ．
- [7.4] 平均流速 2 m/s の水が内径 400 mm の鋳鉄管を流れるとき，長さ 100 m の損失水頭を求めよ．ただし，水の動粘度は 1.139×10^{-6} m^2/s，管内の絶対粗さは 0.3 mm，1 mm の二つの場合があるとする．
- [7.5] 直径 5 cm，長さ 40 m のなめらかな円管内を，20℃ の水が流速 1.5 m/s で流れている．この流れが乱流であることを確認せよ．また，損失圧力をブラジウスの式とムーディ線図の両方で求めよ．
- [7.6] 鋳鉄管を用いて送水するとき，圧力勾配が変わらないとすれば，新しい管と古い管とでは送水できる流量にどれくらいの差が生じるか．ただし，古い鋳鉄管の管摩擦係数は新しいものに比べて 2 倍になるとする．

第8章 粘性流体の基礎方程式

　これまで，実存する粘性流体の物体まわりの流れや，管内の流れの運動について学んできた．本章では，これらの流れの運動の支配方程式を考え，流体とは何かとの基本に立ち戻り，流体力学の理解を深めよう．

　粘性流体の連続の式，運動方程式について学び，粘性流体の粒子に作用する力のつり合いを考え，粘性がどのような働きをしているかを学ぶ．また，遅い流れや，速い流れとしての乱流についても学ぶ．

> **キーワード** ナビエ–ストークスの運動方程式，ストークス近似，レイノルズ方程式，混合長理論

8.1 連続の式

　流体が流れるとき，合流や分岐がない限り，途中で流体は増加したり減少したりすることはない．すなわち，**質量保存の法則**が成り立つ．すでに第4章で連続の式に関して，式(4.2)および例題4.3で2次元流れの連続の式の求め方について述べたが，ここで3次元流れに拡張して示すと，

$$\frac{\partial \rho}{\partial t} + \frac{\partial (\rho u)}{\partial x} + \frac{\partial (\rho v)}{\partial y} + \frac{\partial (\rho w)}{\partial z} = 0 \tag{8.1}$$

となる．これは圧縮性流体の3次元流れの**連続の式**である．定常流れのときは，$\partial \rho / \partial t = 0$ であるから，上式はつぎのようになる．

$$\frac{\partial (\rho u)}{\partial x} + \frac{\partial (\rho v)}{\partial y} + \frac{\partial (\rho w)}{\partial z} = 0 \tag{8.2}$$

また，非圧縮性流れのときは，定常流れ，非定常流れに関係なく ρ は一定となるから，連続の式は

$$\frac{\partial u}{\partial x} + \frac{\partial v}{\partial y} + \frac{\partial w}{\partial z} = 0 \tag{8.3}$$

となる．

8.2 応力で表された粘性流体の運動方程式

粘性流体が運動する場合の流体粒子に作用する外力は，理想流体の場合の体積力，圧力による力および慣性力に加えて粘性力である．これらを考慮することによって，粘性流体の運動方程式が得られる．粘性力が流動する粘性流体に作用することにより，流体粒子の伸縮，せん断変形などによって流体中に内部応力が発生する．

図 8.1 に示すように，流体中に微小要素として各辺の長さが dx, dy, dz の 6 面体を考える．これに作用する応力の各成分は，x 軸に垂直な面に作用する応力を $\sigma_x, \tau_{xy}, \tau_{xz}$，同じく y 軸に垂直な面に作用する応力を $\sigma_y, \tau_{yx}, \tau_{yz}$，および z 軸に垂直な面に作用する応力を $\sigma_z, \tau_{zx}, \tau_{zy}$ とする．向きは，図示した矢印方向とする．なお，σ は微小面に対する垂直応力を示し，添え字は応力の作用する面の法線を示す．また τ はせん断応力を示し，左側の添え字は応力の作用する面の法線を，右側の添え字は応力の方向を示す．

これらの応力が，微小 6 面体の各要素面に作用するときの各方向の力の成分は，x 方向では，微小 6 面体に作用する x 方向の応力成分のみを代数学的に加え合わせ，つり合う成分を差し引くと最終的に，

$$\left(\frac{\partial \sigma_x}{\partial x} + \frac{\partial \tau_{yx}}{\partial y} + \frac{\partial \tau_{zx}}{\partial z}\right)dxdydz \tag{8.4}$$

となる．y および z 方向でも

$$\left(\frac{\partial \tau_{xy}}{\partial x} + \frac{\partial \sigma_y}{\partial y} + \frac{\partial \tau_{zy}}{\partial z}\right)dxdydz \tag{8.5}$$

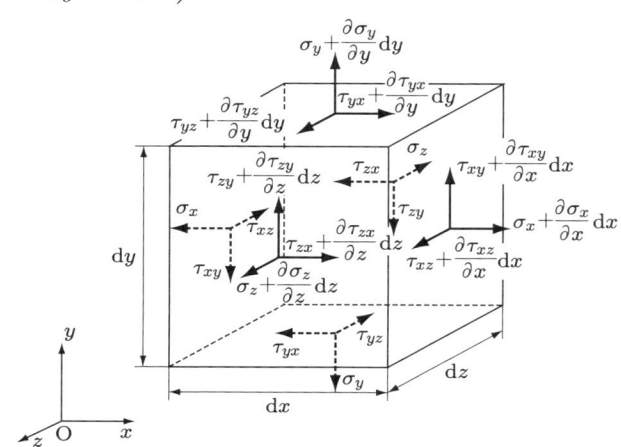

図 8.1 微小 6 面体の流体粒子に作用する応力

$$\left(\frac{\partial \tau_{xz}}{\partial x} + \frac{\partial \tau_{yz}}{\partial y} + \frac{\partial \sigma_z}{\partial z}\right) \mathrm{d}x\mathrm{d}y\mathrm{d}z \tag{8.6}$$

となる．ここで，垂直応力 $\sigma_x, \sigma_y, \sigma_z$ は圧力 $-p$ による応力と粘性による応力 τ_{xx}, τ_{yy}, τ_{zz} からなり，次式で与えられる．

$$\sigma_x = -p + \tau_{xx}, \quad \sigma_y = -p + \tau_{yy}, \quad \sigma_z = -p + \tau_{zz} \tag{8.7}$$

4.8 節で述べたオイラーの運動方程式 (4.22) などを導くのと同様の手順を 3 次元流れに拡張して，上述の粘性力も考慮して行えば，ニュートンの運動の第 2 法則により，応力で表現された粘性流体の運動方程式が次式のように得られる．x 成分については

$$\begin{aligned}
\frac{Du}{Dt} &= X + \frac{1}{\rho}\left(\frac{\partial \sigma_x}{\partial x} + \frac{\partial \tau_{yx}}{\partial y} + \frac{\partial \tau_{zx}}{\partial z}\right) \\
&= -\frac{1}{\rho}\frac{\partial p}{\partial x} + X + \frac{1}{\rho}\left(\frac{\partial \tau_{xx}}{\partial x} + \frac{\partial \tau_{yx}}{\partial y} + \frac{\partial \tau_{zx}}{\partial z}\right)
\end{aligned} \tag{8.8}$$

である．y, z 方向についてもつぎのようになる．

$$\begin{aligned}
\frac{Dv}{Dt} &= Y + \frac{1}{\rho}\left(\frac{\partial \tau_{xy}}{\partial x} + \frac{\partial \sigma_y}{\partial y} + \frac{\partial \tau_{zy}}{\partial z}\right) \\
&= -\frac{1}{\rho}\frac{\partial p}{\partial y} + Y + \frac{1}{\rho}\left(\frac{\partial \tau_{xy}}{\partial x} + \frac{\partial \tau_{yy}}{\partial y} + \frac{\partial \tau_{zy}}{\partial z}\right)
\end{aligned} \tag{8.9}$$

$$\begin{aligned}
\frac{Dw}{Dt} &= Z + \frac{1}{\rho}\left(\frac{\partial \tau_{xz}}{\partial x} + \frac{\partial \tau_{yz}}{\partial y} + \frac{\partial \sigma_z}{\partial z}\right) \\
&= -\frac{1}{\rho}\frac{\partial p}{\partial z} + Z + \frac{1}{\rho}\left(\frac{\partial \tau_{xz}}{\partial x} + \frac{\partial \tau_{yz}}{\partial y} + \frac{\partial \tau_{zz}}{\partial z}\right)
\end{aligned} \tag{8.10}$$

これらは，**コーシーの運動方程式**（Cauchy's equation of motion）という．オイラーの運動方程式と比べると，第 1 項の圧力項，第 2 項の体積力項は同じであるが，新たに第 3 項の粘性力項が加わっている．

8.3 ⊞ 変形速度と応力

4.6 節で流体の変形と回転について学んだ．本節では，さらに変形速度と応力の関係について述べる．

8.3.1 ■ せん断応力

図 8.2 に示すように，微小時間 $\mathrm{d}t$ が経過する間に微小長方形 ABCD はひし形

A′B′C′D′ になる．点 A の速度を u，点 D の速度を $u + \mathrm{d}u$ とすれば，時間 $\mathrm{d}t$ 後に点 A は $u\mathrm{d}t$ 離れた点 A′ に，点 D は $(u+\mathrm{d}u)\,\mathrm{d}t$ 離れた点 D′ にくるから，せん断ひずみ $\mathrm{d}\gamma$ は，

$$\mathrm{d}\gamma = \frac{\mathrm{d}x}{\mathrm{d}y} = \frac{(u+\mathrm{d}u)\,\mathrm{d}t - u\mathrm{d}t}{\mathrm{d}y} = \frac{\partial u}{\partial y}\mathrm{d}t \tag{8.11}$$

となり，次式が成り立つ．

$$\frac{\mathrm{d}\gamma}{\mathrm{d}t} = \frac{\partial u}{\partial y} \tag{8.12}$$

これより，第 2 章で述べた式 (2.8) のニュートンの粘性法則 $\tau = \mu \cdot (\partial u/\partial y)$ は，せん断変形の進む速度 $\mathrm{d}\gamma/\mathrm{d}t$ を用いてつぎのように表される．

$$\tau = \mu\frac{\partial u}{\partial y} = \mu\frac{\mathrm{d}\gamma}{\mathrm{d}t} \tag{8.13}$$

一般に，図 8.3 に示すように，微小体に対して x 方向にせん断応力 τ_{yx} が作用すれば，力のつり合いから y 軸方向にこれに対応して大きさの等しいせん断応力 τ_{xy} が作用し，長方形 ABCD はひし形 A′B′C′D′ に変形する．図に示すように，x 方向速度 u と y 方向速度 v があるときは，両者の和が全体のせん断ひずみになるので，

$$\tau_{yx} = \tau_{xy} = \mu\left(\frac{\mathrm{d}\gamma_u}{\mathrm{d}t} + \frac{\mathrm{d}\gamma_v}{\mathrm{d}t}\right) = \mu\left(\frac{\partial u}{\partial y} + \frac{\partial v}{\partial x}\right) = \mu\left(\frac{\partial v}{\partial x} + \frac{\partial u}{\partial y}\right) \tag{8.14}$$

となる．同様に，

$$\tau_{yz} = \tau_{zy} = \mu\left(\frac{\partial w}{\partial y} + \frac{\partial v}{\partial z}\right) \tag{8.15}$$

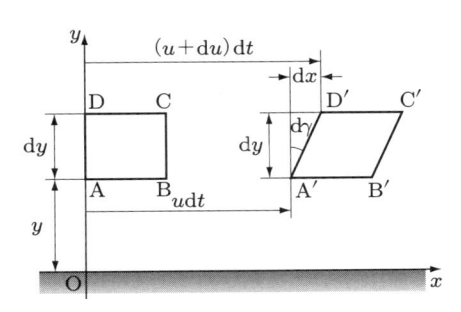

図 8.2 粘性の作用によるせん断変形

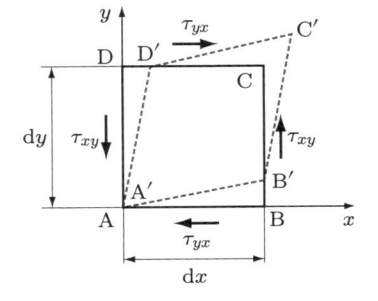

図 8.3 せん断変形と応力の関係

$$\tau_{zx} = \tau_{xz} = \mu\left(\frac{\partial u}{\partial z} + \frac{\partial w}{\partial x}\right) \tag{8.16}$$

が3次元流れに対して成り立つ.

なお,図の変形はせん断変形であるが,対角線 AC, BD の面には垂直応力のみが作用しているから,座標軸を回転させれば伸縮変形とみなすことができる.

8.3.2 ■ 垂直応力

粘性による垂直応力 τ_{xx}, τ_{yy}, τ_{zz} と変形速度の関係は,圧縮性に関係なく一般につぎの関係で表される.

$$\tau_{xx} = \lambda_1 \frac{\partial u}{\partial x} + \lambda_2\left(\frac{\partial u}{\partial x} + \frac{\partial v}{\partial y} + \frac{\partial w}{\partial z}\right) \tag{8.17}$$

$$\tau_{yy} = \lambda_1 \frac{\partial v}{\partial y} + \lambda_2\left(\frac{\partial u}{\partial x} + \frac{\partial v}{\partial y} + \frac{\partial w}{\partial z}\right) \tag{8.18}$$

$$\tau_{zz} = \lambda_1 \frac{\partial w}{\partial z} + \lambda_2\left(\frac{\partial u}{\partial x} + \frac{\partial v}{\partial y} + \frac{\partial w}{\partial z}\right) \tag{8.19}$$

ここで,λ_1, λ_2 は比例定数である.上式の右辺第2項は,非圧縮性流体で3次元流体のとき,

$$\frac{\partial u}{\partial x} + \frac{\partial v}{\partial y} + \frac{\partial w}{\partial z} = 0 \tag{8.20}$$

であるから,第2項は消える.

いま,前述の比例定数 λ_1, λ_2 を決めるのに,2次元流れの場合について考えよう.図 8.4 の伸縮変形と応力との関係は,正方形の内部におけるひし形のせん断変形の進む速さと応力との関係と考えればよい.すなわち,このひし形に作用するせん断応力によって伸縮変形に抵抗していることになる.ひし形に作用するせん断応力は,図の対角線 AC, BD 方向の座標系の速度成分を用いると,式 (8.14)〜(8.16) と同じ表現ができると考えられる.これを伸縮変形の AB, AD 方向の座標系の速度成分でも表現できるから,次式が得られる.

$$\frac{d\gamma}{dt} = \frac{\partial u}{\partial x} - \frac{\partial v}{\partial y} \tag{8.21}$$

これを用いると,図 8.4 に示すせん断力 τ は,

$$\tau = \mu\left(\frac{\partial u}{\partial x} - \frac{\partial v}{\partial y}\right) \tag{8.22}$$

図 8.4 伸縮変形と応力の関係　　**図 8.5** 伸縮変形による応力のつり合い

となる．また，図 8.5 に示す図 8.4 の第 1 象限の △FCG の部分について，各辺に作用する粘性による力と圧力による力の x, y 方向のつり合いは，

$$(\tau_{xx} - p)\,ds = (\tau - p)\,ds, \quad (\tau_{yy} - p)\,ds = (-\tau - p)\,ds \tag{8.23}$$

となり，これらより，つぎの関係が得られる．

$$\tau_{xx} = -\tau_{yy} = \tau, \quad \tau_{xx} + \tau_{yy} = 0 \tag{8.24}$$

ここで，例題 4.3 で述べた 2 次元非圧縮性流れの連続の条件 $(\partial u/\partial x) + (\partial v/\partial y) = 0$ を，式 (8.22) に適用すれば，

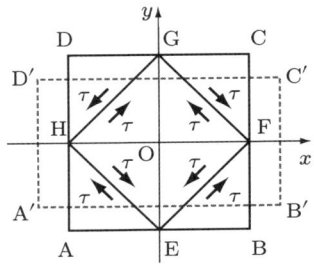

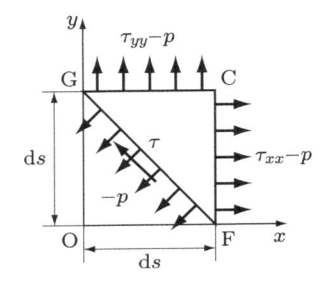

$$\tau = 2\mu\frac{\partial u}{\partial x} = -2\mu\frac{\partial v}{\partial y} \tag{8.25}$$

となり，この関係と式 (8.24) とにより，垂直応力 τ_{xx}, τ_{yy} は，

$$\tau_{xx} = 2\mu\frac{\partial u}{\partial x}, \quad \tau_{yy} = 2\mu\frac{\partial v}{\partial y} \tag{8.26}$$

と表される．一方，式 (8.17), (8.18) を 2 次元流れに対する表現にして，前述の 2 次元流れの連続の条件を適用すると，次式が得られる．

$$\tau_{xx} = \lambda_1\frac{\partial u}{\partial x}, \quad \tau_{yy} = \lambda_1\frac{\partial v}{\partial y} \tag{8.27}$$

上式と式 (8.26) とを比較すると，

$$\lambda_1 = 2\mu \tag{8.28}$$

が得られる．

さて，3 次元流れに戻り，式 (8.17)〜(8.19) について，式 (8.24) の第 2 式と同じ関係の式

$$\tau_{xx} + \tau_{yy} + \tau_{zz} = 0 \tag{8.29}$$

が成り立つとして，式 (8.17)～(8.19) の三つの式について，左辺は左辺で，右辺は右辺で加算し，上式の関係を使えば，

$$(\lambda_1 + 3\lambda_2)\left(\frac{\partial u}{\partial x} + \frac{\partial v}{\partial y} + \frac{\partial w}{\partial z}\right) = 0 \tag{8.30}$$

となる．上式が非圧縮性，圧縮性流体のいかんにかかわらず成り立つためには，

$$\lambda_1 = -3\lambda_2 \tag{8.31}$$

が得られる．これより，$\lambda_2 = -(2/3)\mu$ となり，膨張時などに応力に偏りがないとした**ストークスの仮説** (Stokes' hypothesis) が成り立つときである．これらを式 (8.17)～(8.19) にそれぞれ代入すると，粘性による垂直応力 $\tau_{xx}, \tau_{yy}, \tau_{zz}$ は，

$$\tau_{xx} = 2\mu\frac{\partial u}{\partial x} - \frac{2}{3}\mu\left(\frac{\partial u}{\partial x} + \frac{\partial v}{\partial y} + \frac{\partial w}{\partial z}\right) \tag{8.32}$$

$$\tau_{yy} = 2\mu\frac{\partial v}{\partial y} - \frac{2}{3}\mu\left(\frac{\partial u}{\partial x} + \frac{\partial v}{\partial y} + \frac{\partial w}{\partial z}\right) \tag{8.33}$$

$$\tau_{zz} = 2\mu\frac{\partial w}{\partial z} - \frac{2}{3}\mu\left(\frac{\partial u}{\partial x} + \frac{\partial v}{\partial y} + \frac{\partial w}{\partial z}\right) \tag{8.34}$$

となる．また，式 (8.7) の三つの式を，左辺および右辺どうしで合計すると，

$$\sigma_x + \sigma_y + \sigma_z = -3p + \tau_{xx} + \tau_{yy} + \tau_{zz} \tag{8.35}$$

となり，$\tau_{xx} + \tau_{yy} + \tau_{zz} = 0$ であるから，

$$p = -\frac{1}{3}(\sigma_x + \sigma_y + \sigma_z) \tag{8.36}$$

となる．垂直応力 $\sigma_x, \sigma_y, \sigma_z$ は式 (8.7)，および式 (8.32)～(8.34) より次式が得られる．

$$\sigma_x = -p + 2\mu\frac{\partial u}{\partial x} - \frac{2}{3}\mu\left(\frac{\partial u}{\partial x} + \frac{\partial v}{\partial y} + \frac{\partial w}{\partial z}\right) \tag{8.37}$$

$$\sigma_y = -p + 2\mu\frac{\partial v}{\partial y} - \frac{2}{3}\mu\left(\frac{\partial u}{\partial x} + \frac{\partial v}{\partial y} + \frac{\partial w}{\partial z}\right) \tag{8.38}$$

$$\sigma_z = -p + 2\mu\frac{\partial w}{\partial z} - \frac{2}{3}\mu\left(\frac{\partial u}{\partial x} + \frac{\partial v}{\partial y} + \frac{\partial w}{\partial z}\right) \tag{8.39}$$

以上のように，垂直応力と流体の変形速度との関係が導かれた．

8.4 粘性流体の運動方程式

式 (8.14)〜(8.16)，式 (8.37)〜(8.39) を，応力で表現された粘性流体の運動方程式，すなわちコーシーの運動方程式 (8.8)〜(8.10) に代入すると，x 方向については，

$$\begin{aligned}\frac{Du}{Dt} &= X + \frac{1}{\rho}\frac{\partial}{\partial x}\left[-p + 2\mu\frac{\partial u}{\partial x} - \frac{2}{3}\mu\left(\frac{\partial u}{\partial x} + \frac{\partial v}{\partial y} + \frac{\partial w}{\partial z}\right)\right] \\ &\quad + \frac{1}{\rho}\frac{\partial}{\partial y}\left[\mu\left(\frac{\partial v}{\partial x} + \frac{\partial u}{\partial y}\right)\right] + \frac{1}{\rho}\frac{\partial}{\partial z}\left[\mu\left(\frac{\partial u}{\partial z} + \frac{\partial w}{\partial x}\right)\right] \\ &= X - \frac{1}{\rho}\frac{\partial p}{\partial x} + \nu\left(\frac{\partial^2 u}{\partial x^2} + \frac{\partial^2 u}{\partial y^2} + \frac{\partial^2 u}{\partial z^2}\right) + \frac{1}{3}\nu\frac{\partial}{\partial x}\left(\frac{\partial u}{\partial x} + \frac{\partial v}{\partial y} + \frac{\partial w}{\partial z}\right)\end{aligned} \quad (8.40)$$

となる．y, z 方向についても

$$\frac{Dv}{Dt} = Y - \frac{1}{\rho}\frac{\partial p}{\partial y} + \nu\left(\frac{\partial^2 v}{\partial x^2} + \frac{\partial^2 v}{\partial y^2} + \frac{\partial^2 v}{\partial z^2}\right) + \frac{1}{3}\nu\frac{\partial}{\partial y}\left(\frac{\partial u}{\partial x} + \frac{\partial v}{\partial y} + \frac{\partial w}{\partial z}\right) \quad (8.41)$$

$$\frac{Dw}{Dt} = Z - \frac{1}{\rho}\frac{\partial p}{\partial z} + \nu\left(\frac{\partial^2 w}{\partial x^2} + \frac{\partial^2 w}{\partial y^2} + \frac{\partial^2 w}{\partial z^2}\right) + \frac{1}{3}\nu\frac{\partial}{\partial z}\left(\frac{\partial u}{\partial x} + \frac{\partial v}{\partial y} + \frac{\partial w}{\partial z}\right) \quad (8.42)$$

となり，速度表現の粘性流体の運動方程式が得られる．この運動方程式を，**ナビエ－ストークスの運動方程式**（Navier-Stokes' equation of motion）という．上式の左辺を**慣性項**，右辺の第 1 項を**体積力項**または**質量項**，右辺第 2 項を**圧力項**，そして右辺の動粘度 ν がかかった項を**粘性項**という．また，左辺の慣性項に式 (4.17) を適用するとき，対流加速度による項を**対流項**という．

非圧縮性流体の場合には，連続の式 $(\partial u/\partial x) + (\partial v/\partial y) + (\partial w/\partial z) = 0$ が成り立つので，

$$\frac{Du}{Dt} = X - \frac{1}{\rho}\frac{\partial p}{\partial x} + \nu\left(\frac{\partial^2 u}{\partial x^2} + \frac{\partial^2 u}{\partial y^2} + \frac{\partial^2 u}{\partial z^2}\right) \quad (8.43)$$

$$\frac{Dv}{Dt} = Y - \frac{1}{\rho}\frac{\partial p}{\partial y} + \nu\left(\frac{\partial^2 v}{\partial x^2} + \frac{\partial^2 v}{\partial y^2} + \frac{\partial^2 v}{\partial z^2}\right) \quad (8.44)$$

$$\frac{Dw}{Dt} = Z - \frac{1}{\rho}\frac{\partial p}{\partial z} + \nu\left(\frac{\partial^2 w}{\partial x^2} + \frac{\partial^2 w}{\partial y^2} + \frac{\partial^2 w}{\partial z^2}\right) \quad (8.45)$$

と簡略化される．これが非圧縮性流体に対するナビエ－ストークスの運動方程式である．

また，ナビエ－ストークスの運動方程式はつぎのようにベクトル表示できる．

$$\frac{D\boldsymbol{v}}{Dt} = \boldsymbol{f} - \frac{1}{\rho}\nabla p + \nu \nabla^2 \boldsymbol{v} \tag{8.46}$$

ここで，$\boldsymbol{v} = (u, v, w)$，$\boldsymbol{f} = (X, Y, Z)$，$\nabla = (\partial/\partial x, \partial/\partial y, \partial/\partial z)$，$\nabla^2 = \partial^2/\partial x^2 + \partial^2/\partial y^2 + \partial^2/\partial z^2$ である．

以上説明してきたように，粘性流体の流れの解析には，連続の式とナビエ–ストークスの運動方程式を解く必要があるが，ナビエ–ストークスの運動方程式の厳密解を得ることは一般に不可能である．いくつかの簡単な流れのみ厳密解が得られている．

例題■8.1

図 8.6 に示すような平行平板間の流れについて考える．いま，2 枚の平板が比較的小さい距離 h を隔てて平行に配置されているとする．平板を 1 および 2 ということにし，これらがそれぞれ U_1，U_2 で平行に運動しているとする．ただし，流れは 2 次元定常流れの層流とし，外力は作用しないものとする．

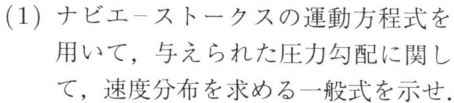

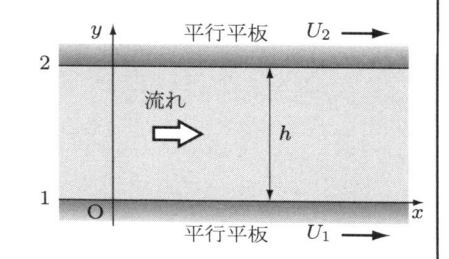

図 8.6 平行平板間の流れ

(1) ナビエ–ストークスの運動方程式を用いて，与えられた圧力勾配に関して，速度分布を求める一般式を示せ．また，流量および壁面におけるせん断応力の一般式も示せ．

(2) $U_1 = U_2 = 0$ のときの速度分布は放物線状になることを示せ．

(3) $U_1 = 0, U_2 = U$ のときの速度分布を求めよ．このように平板の一方が固定され，他方が平行に運動するときの流れを何というか．

(4) $U_1 = 0, U_2 = U$ の速度分布において，圧力勾配によって，$U_1 = 0$ の平板 1 の面で逆流が生じる場合がある．この条件を求めよ．また，圧力勾配と速度分布の関係を，逆流が生じる前後で図示せよ．

▷ **解**

(1) 図のように，x, y 軸をとり，x, y 方向の速度をそれぞれ u, v とする．連続の式は式 (8.3) により，次式で得られる．

$$\frac{\partial u}{\partial x} = 0$$

流れの加速度は，式 (8.43) で，$\partial u/\partial t = 0$，$v = 0$，$w = 0$ より，

$$\frac{Du}{Dt} = u\frac{\partial u}{\partial x} = 0$$

となり，ナビエ–ストークスの運動方程式は，重力のような体積力がゼロで

あるので，つぎのようになる．

$$\frac{\partial p}{\partial x} = \mu \frac{\partial^2 u}{\partial y^2}, \quad \frac{\partial p}{\partial y} = 0$$

連続の式より u は y のみの関数，上式の第2式より p は x のみの関数であるから，上式の第1式は，つぎの常微分方程式に書き換えられる．

$$\frac{\mathrm{d}p}{\mathrm{d}x} = \mu \frac{\mathrm{d}^2 u}{\mathrm{d}y^2}$$

境界条件は，$y=0$ で $u=U_1$，$y=h$ で $u=U_2$ とし，$\mathrm{d}p/\mathrm{d}x$ は与えられるとして，上式を積分すると，速度分布は次式となる．

$$u = U_1 + \frac{U_2 - U_1}{h} y - \frac{h^2}{2\mu} \frac{\mathrm{d}p}{\mathrm{d}x} \left[\left(\frac{y}{h}\right) - \left(\frac{y}{h}\right)^2 \right]$$

流量は Q で表すと，つぎのように得られる．

$$Q = \int_0^h u \mathrm{d}y = U_1 h + (U_2 - U_1) \frac{h}{2} - \frac{h^3}{12\mu} \frac{\mathrm{d}p}{\mathrm{d}x}$$

壁面におけるせん断応力は τ_{w1}, τ_{w2} で表すと，つぎのように得られる．

$$\tau_{w1} = \mu \left(\frac{\mathrm{d}u}{\mathrm{d}y}\right)_{y=0} = \mu \frac{U_2 - U_1}{h} - \frac{h}{2} \frac{\mathrm{d}p}{\mathrm{d}x}$$

$$\tau_{w2} = \mu \left(\frac{\mathrm{d}u}{\mathrm{d}y}\right)_{y=h} = \mu \frac{U_2 - U_1}{h} + \frac{h}{2} \frac{\mathrm{d}p}{\mathrm{d}x}$$

(2) 平行な平板が固定されているときは $U_1 = U_2 = 0$ であるから，速度分布は (1) で求めた速度分布の一般式より，次式となる．

$$u = -\frac{h^2}{2\mu} \frac{\mathrm{d}p}{\mathrm{d}x} \left[\left(\frac{y}{h}\right) - \left(\frac{y}{h}\right)^2 \right] = \frac{h^2}{2\mu} \frac{\mathrm{d}p}{\mathrm{d}x} \left[\left(\frac{y}{h} - \frac{1}{2}\right)^2 - \frac{1}{4} \right]$$

流体は圧力が降下する方向に流れ，速度分布は $\mathrm{d}p/\mathrm{d}x$ は負であるから，$y = (1/2)h$ で最大となり，放物線形状になる．

この速度分布は円管内の層流，すなわちハーゲン-ポアズイユの流れに対応して，**2次元ポアズイユの流れ**という．

(3) $U_1 = 0, U_2 = U$ の場合の速度分布は，(1) で求めた速度分布の一般式より次式となる．

$$u = U \frac{y}{h} - \frac{h^2}{2\mu} \frac{\mathrm{d}p}{\mathrm{d}x} \left[\left(\frac{y}{h}\right) - \left(\frac{y}{h}\right)^2 \right]$$

このように平板の一方が固定され，他方が平行に運動するときの流れは**クエッ

ト流れである．速度分布は，$dp/dx = 0$ であれば直線，$dp/dx < 0$ のときは右に凸，$dp/dx > 0$ のときは左に凸の2次曲線になる．これは，第2章でも単純クエット流れとして速度勾配を直線で説明したのと一致する．

(4) $y = 0$ の平板1の壁面上の速度勾配を調べると，

$$\left(\frac{du}{dy}\right)_{y=0} = \frac{U}{h}\left(1 - \frac{h^2}{2\mu U}\frac{dp}{dx}\right)$$

となるから，速度勾配が負になる

$$\frac{h^2}{2\mu U}\frac{dp}{dx} > 1$$

のとき，$u < 0$ の領域が発生し，逆流が生じる．
また，$\dfrac{h^2}{2\mu U}\dfrac{dp}{dx} = -2, -1, 0, 1, 2$ と変化させたときの速度分布を描くと，図8.7のようになる．

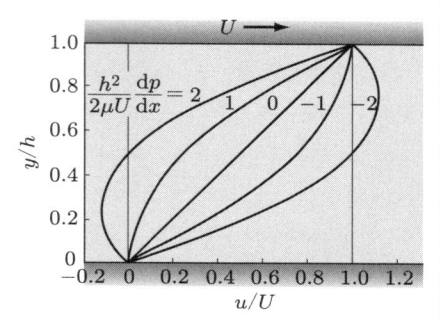

図 8.7 2次元ポアズイユ流れ

例題 ◼ 8.2

2枚の平板がすき間 $h = 0.01\,\mathrm{m}$ で平行な状態にあり，粘度が $\mu = 1.0\,\mathrm{Pa\cdot s}$ である油が満たされているとする．一方の板は静止しており，他方の板は速度 $U = 4\,\mathrm{m/s}$ で移動するとする．この液体に，移動方向とは逆の方向に圧力勾配があり，流量の総和はゼロの状態にある．このときの圧力勾配を求めよ．

▷ **解** 例題 8.1(3) において，流量は例題 8.1(1) で求めた流量の式で $U_1 = 0$，$U_2 = U$ とすると，次式で与えられる．

$$Q = U\frac{h}{2} - \frac{h^3}{12\mu}\frac{dp}{dx}$$

上式の流量はゼロであるから，圧力勾配はつぎのようになる．

$$\frac{dp}{dx} = \frac{6\mu U}{h^2} = \frac{6 \times 1.0 \times 4}{0.01^2} = 2.4 \times 10^5\,\mathrm{Pa/m} = 240\,\mathrm{kPa/m}$$

例題 ◼ 8.3

図8.8に示すように，2枚の平板がすき間幅が一定でないようにゆるやかな勾配をもって向かい合っている場合を考える．これは2平面が油膜をはさんでくさび状のすき間をなしているスラスト軸受けの潤滑問題に相当する．いま，上面の平板は x 軸に対し α の角度だけ傾き，長さ l の静止平面とし，下面の平板は x 方向に一定速

度 U で動く十分に長い平面とする．下面が動くことにより，平板に挟まれた流体がくさび状に中に引き込まれ，内部の圧力が高くなり，上面に力が働き，両者が接触しないである間隔を保つことができる．これについてつぎの問いに答えよ．

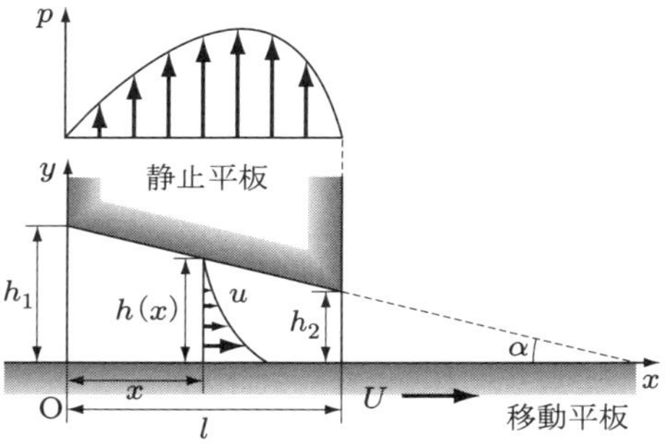

(1) 軸受けの単位幅あたりの支持荷重を求めよ．
(2) すべり面のせん断応力を求めよ．また，すべり面の単位幅あたりに作用する x 方向の抵抗力を求めよ．
(3) 支持荷重を最大にするためには，どのような計算をすればよいか方針を述べよ．

図 8.8 潤滑軸受け内の流れと圧力

▷ 解

(1) すき間の幅はゆるやかに変化しているとき，例題 8.1 で求めた流速分布の一般式が適用できるので，紙面に垂直な単位流路幅あたりの流量 Q は，$U_1 = U$，$U_2 = 0$ とすると，

$$Q = U\frac{h}{2} - \frac{h^3}{12\mu}\frac{dp}{dx}$$

となる．任意の断面位置 x におけるすき間幅は $h = h_1 - \alpha x$ で α は小さいとして，上式に代入すると次式が得られる．

$$\frac{dp}{dx} = \frac{6\mu U}{(h_1 - \alpha x)^2} - \frac{12\mu Q}{(h_1 - \alpha x)^3}$$

上式を積分すると，圧力 p は次式となる．

$$p = \frac{6\mu U}{\alpha(h_1 - \alpha x)} - \frac{6\mu Q}{\alpha(h_1 - \alpha x)^2} + C$$

境界条件は，$x = 0, x = l$ の両端で大気圧であり，大気圧を基準とすると $p = 0$ となる．流量 Q と積分定数 C とを未知数として，これらの二つの境界条件式を解くと，

$$Q = \frac{h_1 h_2}{h_1 + h_2}U, \quad C = -\frac{6\mu U}{\alpha(h_1 + h_2)}$$

が得られる．ここで，$h_2 = h_1 - \alpha l$ である．これらをすでに求めた上式の圧力の式に代入すると，

$$p = \frac{6\mu U (h - h_2)}{(h_1 + h_2) h^2} x$$

となる．図からわかるように，必ず $h > h_2$ だから，この式の圧力 p はつねに $p > 0$ であり，上面を浮き上がらせる圧力が作用している．軸受けの単位幅あたりの支持荷重 P は，p を積分することにより次式のように得られる．

$$P = \int_0^l p\,dx = \frac{6\mu U l^2}{(h_1 - h_2)^2} \left(\ln \frac{h_1}{h_2} - 2\frac{h_1 - h_2}{h_1 + h_2} \right)$$

(2) すべり面のせん断応力は，同じく例題 8.1 で求めた壁面 1 に作用するせん断応力の一般式に，$U_1 = U$，$U_2 = 0$ を代入すると次式となる．

$$\tau_{w1} = \mu \left(\frac{du}{dy} \right)_{y=0} = -\mu \frac{U}{h} - \frac{h}{2}\frac{dp}{dx}$$

この式の dp/dx はすでに求めているので，つぎのように変形することができる．

$$\tau_{w1} = -\frac{4\mu U}{h_1 - \alpha x} + \frac{6\mu U}{(h_1 - \alpha x)^2} \frac{h_1 h_2}{h_1 + h_2}$$

上式を積分すると，すべり面の単位幅あたりに作用する x 方向の抵抗力 F は次式のようになる．

$$F = -\int_0^l \tau_{w1}\,dx = \frac{2\mu U}{\alpha} \left(2\ln \frac{h_1}{h_2} - 3\frac{h_1 - h_2}{h_1 + h_2} \right)$$

(3) 支持荷重 P を最大にする軸受けの勾配を決めるために，すき間の比率 $k = h_1/h_2$ の最適値を求めればよい．すなわち，$dP/dk = 0$ を計算して比率 h_1/h_2 の値を求めると，最大支持荷重が得られる．

例題 ◼ 8.4

円管内を定常に流れる層流に関して，第 7 章で力のつり合いから流れの速度分布を求め，これをハーゲン–ポアズイユ流れということを述べた．この流れをナビエ–ストークスの運動方程式を用いて解析せよ．ただし，**円柱座標で表されたナビエ–ストークスの運動方程式**は次式で表される．

$$\frac{\partial V_r}{\partial t} + V_r \frac{\partial V_r}{\partial r} + \frac{V_\theta}{r}\frac{\partial V_r}{\partial \theta} - \frac{V_\theta^2}{r} + V_z \frac{\partial V_r}{\partial z}$$
$$= -\frac{1}{\rho}\frac{\partial p}{\partial r} + \nu \left\{ \frac{\partial}{\partial r}\left[\frac{1}{r}\frac{\partial}{\partial r}(rV_r)\right] + \frac{1}{r^2}\frac{\partial^2 V_r}{\partial \theta^2} - \frac{2}{r^2}\frac{\partial V_\theta}{\partial \theta} + \frac{\partial^2 V_r}{\partial z^2} \right\} + F_r$$

$$\frac{\partial V_\theta}{\partial t} + V_r \frac{\partial V_\theta}{\partial r} + \frac{V_\theta}{r} \frac{\partial V_\theta}{\partial \theta} + \frac{V_r V_\theta}{r} + V_z \frac{\partial V_\theta}{\partial z}$$
$$= -\frac{1}{\rho r} \frac{\partial p}{\partial \theta} + \nu \left\{ \frac{\partial}{\partial r} \left[\frac{1}{r} \frac{\partial}{\partial r} (rV_\theta) \right] + \frac{1}{r^2} \frac{\partial^2 V_\theta}{\partial \theta^2} + \frac{2}{r^2} \frac{\partial V_r}{\partial \theta} + \frac{\partial^2 V_\theta}{\partial z^2} \right\} + F_\theta$$

$$\frac{\partial V_z}{\partial t} + V_r \frac{\partial V_z}{\partial r} + \frac{V_\theta}{r} \frac{\partial V_z}{\partial \theta} + V_z \frac{\partial V_z}{\partial z}$$
$$= -\frac{1}{\rho} \frac{\partial p}{\partial z} + \nu \left[\frac{1}{r} \frac{\partial}{\partial r} \left(r \frac{\partial V_z}{\partial r} \right) + \frac{1}{r^2} \frac{\partial^2 V_z}{\partial \theta^2} + \frac{\partial^2 V_z}{\partial z^2} \right] + F_z$$

ここで，V_r, V_θ, V_z は r, θ, z 方向の速度成分，F_r, F_θ, F_z は単位質量あたりの体積力を示す．

▷ **解** 円管内の流れの管軸方向を z 軸とすると，上式の円柱座標で表されるナビエ–ストークスの運動方程式において，$V_r = V_\theta = 0$ であり，V_z は定常流れのとき r の関数になるので，次式が得られる．

$$0 = -\frac{1}{\rho} \frac{\partial p}{\partial z} + \nu \frac{1}{r} \frac{\partial}{\partial r} \left(r \frac{\partial V_z}{\partial r} \right)$$

これを積分すると，

$$V_z = \frac{1}{4\mu} \frac{dp}{dz} r^2 + C_1 \log_{10} r + C_2$$

となる．管壁 $r = R$ で速度 $V_z = 0$ であり，管軸上 $r = 0$ で速度勾配 $\partial V_z/\partial r = 0$ であるので，これらより積分定数 C_1, C_2 を計算し，上式を整理すると，速度分布は次式となる．

$$V_z = -\frac{1}{4\mu} \frac{dp}{dz} \left(R^2 - r^2 \right)$$

この式は，管軸方向を x と読み換えると式 (7.13) と同じで，ナビエ–ストークスの運動方程式から同じ速度分布が導けることがわかる．

8.5 ⊞ 遅い流れの解

粘性流体の運動の中で流速が非常に遅い流れ，すなわちレイノルズ数が非常に低い流れの場合には，すでに述べたレイノルズ数の定義からわかるように，粘性力に比べて慣性力は非常に小さくなり，慣性力の影響が無視できる．すなわち，非圧縮粘性流体のナビエ–ストークスの運動方程式において，流れが遅いときは，左辺の慣性項すなわち加速度項のうち，対流加速度は局所加速度に比べて 2 次の微小量となり無視で

きる．このとき運動方程式は

$$\frac{\partial u}{\partial t} = X - \frac{1}{\rho}\frac{\partial p}{\partial x} + \nu\left(\frac{\partial^2 u}{\partial x^2} + \frac{\partial^2 u}{\partial y^2} + \frac{\partial^2 u}{\partial z^2}\right) \tag{8.47}$$

$$\frac{\partial v}{\partial t} = Y - \frac{1}{\rho}\frac{\partial p}{\partial y} + \nu\left(\frac{\partial^2 v}{\partial x^2} + \frac{\partial^2 v}{\partial y^2} + \frac{\partial^2 v}{\partial z^2}\right) \tag{8.48}$$

$$\frac{\partial w}{\partial t} = Z - \frac{1}{\rho}\frac{\partial p}{\partial z} + \nu\left(\frac{\partial^2 w}{\partial x^2} + \frac{\partial^2 w}{\partial y^2} + \frac{\partial^2 w}{\partial z^2}\right) \tag{8.49}$$

となる．このように速度に関して非線形項を省略して線形化すると解が得られやすくなる．これを，**ストークス近似**（Stokes' approximation）という．流れが定常で体積力がないとき，上式は次式となる．

$$\frac{\partial p}{\partial x} = \mu\left(\frac{\partial^2 u}{\partial x^2} + \frac{\partial^2 u}{\partial y^2} + \frac{\partial^2 u}{\partial z^2}\right) \tag{8.50}$$

$$\frac{\partial p}{\partial y} = \mu\left(\frac{\partial^2 v}{\partial x^2} + \frac{\partial^2 v}{\partial y^2} + \frac{\partial^2 v}{\partial z^2}\right) \tag{8.51}$$

$$\frac{\partial p}{\partial z} = \mu\left(\frac{\partial^2 w}{\partial x^2} + \frac{\partial^2 w}{\partial y^2} + \frac{\partial^2 w}{\partial z^2}\right) \tag{8.52}$$

これらの各式をそれぞれ x, y, z に関してさらに偏微分して，それらを加え合わせ，それに連続の式 $(\partial u/\partial x) + (\partial v/\partial y) + (\partial w/\partial z) = 0$ を適用すると，

$$\nabla^2 p = \left(\frac{\partial^2 p}{\partial x^2} + \frac{\partial^2 p}{\partial y^2} + \frac{\partial^2 p}{\partial z^2}\right) = 0 \tag{8.53}$$

となる．これより流体の圧力 p はラプラスの方程式を満足することがわかる．この方程式の解が得られると，流れを解析できる．

8.6 乱流時の粘性流体の運動方程式

　乱流は，大きさ，速度の異なる大小さまざまな渦からなる流れであり，不規則変動を伴う流れである．また，レイノルズ数が大きい流れでもあるが，層流の場合と同様に，流体粒子に着目して運動を調べることが可能である．**乱流もナビエ－ストークスの運動方程式に従う非定常流れの一種であり，直接この方程式を解けばよいことになる**．しかし，工学的な解を求めることはたいへん難しく，多くの場合，時間平均的な乱流現象について取り扱わざるを得ない．すなわち，時間とともに激しく変化する速度や圧力を時系列的に追うことより，乱流による変動分を除外した時間的平均成分が

8.6 乱流時の粘性流体の運動方程式

どのような関係に従うかを考えるほうが実際的である．このような場合，乱流現象を念頭においたモデルを構築し，解く方法がある．

いま，簡単のために非圧縮性流体を考える．乱流中の速度と圧力を，時間平均成分と変動成分とに分け，それぞれを 7.4 節で説明したように，¯（バー）と ′（プライム）で示し，次式で表す．

$$u = \bar{u} + u', \quad v = \bar{v} + v', \quad w = \bar{w} + w', \quad p = \bar{p} + p' \tag{8.54}$$

ここで，¯（バー）は，不規則変動を平均化するのに十分な時間間隔 T についての平均値を意味し，たとえば u, u' については，

$$\bar{u} = \frac{1}{T}\int_t^{t+T} u\,dt, \quad \bar{u}' = \frac{1}{T}\int_t^{t+T} u'\,dt = 0 \tag{8.55}$$

となり，変動成分の時間平均値はゼロとなる．

体積力を除いたナビエ–ストークスの運動方程式の x 方向成分の式 (8.43) の左辺において，式 (8.3) に示す 3 次元非圧縮流れの連続の条件 $(\partial u/\partial x)+(\partial v/\partial y)+(\partial w/\partial z)=0$ を使って

$$\frac{\partial u}{dt} + u\frac{\partial u}{\partial x} + v\frac{\partial u}{\partial y} + w\frac{\partial u}{\partial z} + u\left(\frac{\partial u}{\partial x} + \frac{\partial v}{\partial y} + \frac{\partial w}{\partial z}\right)$$
$$= \frac{\partial u}{\partial t} + \frac{\partial (uu)}{\partial x} + \frac{\partial (uv)}{\partial y} + \frac{\partial (uw)}{\partial z}$$

の書き換えをすると，

$$\frac{\partial u}{\partial t} + \frac{\partial (u^2)}{\partial x} + \frac{\partial (uv)}{\partial y} + \frac{\partial (uw)}{\partial z} = -\frac{1}{\rho}\frac{\partial p}{\partial x} + \nu\left(\frac{\partial^2 u}{\partial x^2} + \frac{\partial^2 u}{\partial y^2} + \frac{\partial^2 u}{\partial z^2}\right)$$
$$= -\frac{1}{\rho}\frac{\partial p}{\partial x} + \nu\nabla^2 u \tag{8.56}$$

が得られる．式 (8.56) に式 (8.54) を代入し，時間平均を求める．各項は微分と平均化の順序を逆にして計算すると，

$$\overline{\frac{\partial (\bar{u}+u')}{\partial t}} = \frac{\partial \bar{u}}{\partial t} \tag{8.57}$$

$$\overline{\frac{\partial (\bar{u}+u')^2}{\partial x}} = \frac{\partial \overline{\left(\bar{u}^2 + 2u'\bar{u} + u'^2\right)}}{\partial x} = \frac{\partial \left(\bar{u}\cdot\bar{u} + \overline{u'^2}\right)}{\partial x} \tag{8.58}$$

$$\overline{\frac{\partial (\bar{u}+u')(\bar{v}+v')}{\partial y}} = \frac{\partial \left(\bar{u}\cdot\bar{v} + \overline{u'v'}\right)}{\partial y} \tag{8.59}$$

$$\frac{\overline{\partial^2 (\bar{u} + u')}}{\partial x^2} = \frac{\partial^2 (\bar{u} + \overline{u'})}{\partial x^2} = \frac{\partial^2 \bar{u}}{\partial x^2} \tag{8.60}$$

などの関係になるから，これを式 (8.56) に適用し，平均値に関する連続の式の関係を使うと，

$$\frac{\partial \bar{u}}{\partial t} + \bar{u}\frac{\partial \bar{u}}{\partial x} + \bar{v}\frac{\partial \bar{u}}{\partial y} + \bar{w}\frac{\partial \bar{u}}{\partial z} = -\frac{1}{\rho}\frac{\partial \bar{p}}{\partial x} + \nu \nabla^2 \bar{u} - \left(\frac{\partial \overline{u'^2}}{\partial x} + \frac{\partial \overline{u'v'}}{\partial y} + \frac{\partial \overline{u'w'}}{\partial z}\right) \tag{8.61}$$

を得る．同様に，y, z 方向成分についても，

$$\frac{\partial \bar{v}}{\partial t} + \bar{u}\frac{\partial \bar{v}}{\partial x} + \bar{v}\frac{\partial \bar{v}}{\partial y} + \bar{w}\frac{\partial \bar{v}}{\partial z} = -\frac{1}{\rho}\frac{\partial \bar{p}}{\partial y} + \nu \nabla^2 \bar{v} - \left(\frac{\partial \overline{u'v'}}{\partial x} + \frac{\partial \overline{v'^2}}{\partial y} + \frac{\partial \overline{v'w'}}{\partial z}\right) \tag{8.62}$$

$$\frac{\partial \bar{w}}{\partial t} + \bar{u}\frac{\partial \bar{w}}{\partial x} + \bar{v}\frac{\partial \bar{w}}{\partial y} + \bar{w}\frac{\partial \bar{w}}{\partial z} = -\frac{1}{\rho}\frac{\partial \bar{p}}{\partial z} + \nu \nabla^2 \bar{w} - \left(\frac{\partial \overline{u'w'}}{\partial x} + \frac{\partial \overline{v'w'}}{\partial y} + \frac{\partial \overline{w'^2}}{\partial z}\right) \tag{8.63}$$

が得られる．上式は**レイノルズ方程式**（Reynolds equations）という．また，連続の式は，平均値をとると次式で表される．

$$\frac{\partial \bar{u}}{\partial x} + \frac{\partial \bar{v}}{\partial y} + \frac{\partial \bar{w}}{\partial z} = 0 \tag{8.64}$$

以上より，連続の式は平均値に置き換わったのみで，平均流れに対して同じである．一方，運動方程式は，平均値に置き換わると同時に，新たに粘性応力のほかに $-\rho\overline{u'^2}$, $-\rho\overline{v'^2}$, $-\rho\overline{w'^2}$, $-\rho\overline{u'v'}$, $-\rho\overline{u'w'}$, $-\rho\overline{v'w'}$ が付加され，次元を合わせて表現すると，式 (8.61)〜(8.63) の右辺の第 3 項目の式になる．これらはナビエ–ストークスの運動方程式の非線形性から生じたもので，レイノルズによって見出されたことから，7.4 節でも述べたように**レイノルズ応力**という．レイノルズ応力が新たな未知数として加わるため，未知数の数が方程式の数より多くなる．したがって，方程式の数の不足を補うため，レイノルズ応力に対して 7.4 節で述べたプラントルの**混合長理論**のようなモデルが新たに必要になる．

演習問題

[8.1] ナビエ–ストークスの運動方程式は，どのような力学的考察に基づいて得られ

るのか.

[8.2] 図 8.9 に示すように，水平に対して傾斜した定常な 2 次元流れがある．流れは斜面に沿って厚さ h の薄い層であり，傾斜角は θ である．流れの方向に x，斜面に垂直の方向に y をとり，大気圧を p_0 とし，x 方向に流れは変化しないとする．このときのナビエ-ストークスの運動方程式を求めよ．また，この式を解いて y 方向の速度分布と圧力分布を求めよ．

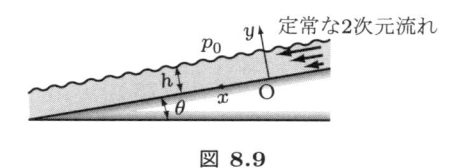

図 8.9

第9章 境界層流れ

　工学やエンジニアリングの現場では，高レイノルズ数領域の流れを論じなければならない場合も多い．しかし，ナビエ–ストークスの運動方程式を完全な形で解くことは困難であり，流れが乱流の場合はレイノルズ応力が作用し，さらに難しくなる．このようなとき，粘性の無視できる主流と粘性の影響を大きく受ける物体にごく近い薄い領域に分けて取り扱うと，全体の流れが容易に把握できる．
　本章では，この薄い領域の流れの取り扱いについて学ぶ．

キーワード	境界層，主流，相似則，粘性底層，指数法則，対数法則

9.1　境界層と主流

　流体が物体に作用するとき，これまで流体を区分せずに一つの流れとして取り扱ってきた．しかし，自動車，航空機，船舶および巨大機械構造物などが高速で移動するときや，逆に静止していて高速流を受けるときには，レイノルズ数が大きくなってくる．このような場合，粘性力は慣性力に比較して無視できるほど小さくなり，第5章で述べてきた理想流体としての取り扱いが可能となってくるので，一つの流れを区分けして取り扱うことが可能になる．

　図 9.1 に示すように，レイノルズ数の大きな場合の物体まわりの流れは，二つの層に分けられる．一つは物体に非常に近い層で，粘性の影響により流体と物体の相対速度が急激に減少する薄い層，すなわち，速度勾配が非常に大きくなり，摩擦応力が大

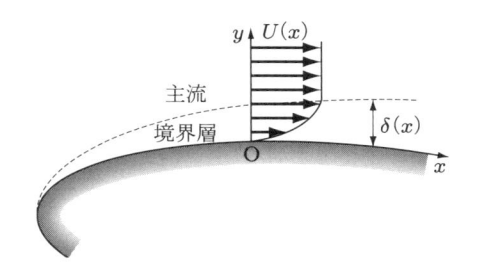

図 9.1　物体表面に沿う境界層

きく働く層で**境界層**（boundary layer）という．もう一つはこの薄い層の外側全体の領域で，粘性による影響は小さく，理想流体として取り扱える層で**主流**（main flow）という．

境界層は，レイノルズ数が小さい流れのように粘性力だけに支配されるのではなく，粘性力と慣性力の両方に支配される粘性流体の取り扱いが必要である．このように二つの層に分けて構築した理論は取り扱いが容易で，しかも実際とよく一致する．

9.2 境界層とレイノルズ数

どの位置でも速度の大きさが同じである流れを**一様流**（uniform flow）というが，つぎに，この一様流中に置かれた平板上の流れを考えてみよう．

図9.2に示すように，一様流が平板の先頭に接するところでは流体粒子は減速され，粘性流体のすべりなしの条件で動かなくなる．すぐ外側の流体粒子は粘性抵抗により減速される．流体粒子が平板の前縁から後方に移動するにつれて，平板に垂直な減速する領域の幅は次第に拡がる．このように減速された流体粒子が境界層を形成する．平板の前縁から形成されはじめる境界層の流れは，流れ方向のある距離まで層流であり，**層流境界層**（laminar boundary layer）という．それから**遷移領域**（transition region）が現れ，さらに下流にいくと境界層の流れは乱流になる．この領域を**乱流境界層**（turbulent boundary layer）という．

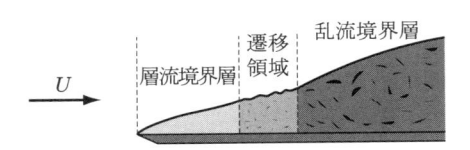

図 9.2 平板上の流れと境界層

この層流境界層から乱流境界層へ遷移するレイノルズ数を，**臨界レイノルズ数**という．これは，6.4節で述べたレイノルズが行ったガラス管内の流れの実験で認められた遷移時のレイノルズ数と同様である．これを Re_c で表せば，おおよそ

$$Re_c = 3.5 \times 10^5 \sim 10^6 \tag{9.1}$$

である．主流の乱れを小さくするように努めると，高い側の値となる．なお，このときのレイノルズ数は，$Re = Ux/\nu$ で定義され，U は一様流としての流速，x は平板前縁からの距離，ν は動粘度であり，平板後方になるに従いレイノルズ数は大きくなる．

例題 9.1

流速 $U = 15\,\mathrm{m/s}$ の一様な空気流れがあるとする.この流れに平行に平板が置かれているとき,平板上の境界層が層流から乱流に遷移する位置は平板の前縁から測ってどの位置かを求めよ.ただし,空気の動粘度は $\nu = 1.5 \times 10^{-5}\,\mathrm{m^2/s}$ とする.

▷ **解** 臨界レイノルズ数は,

$$Re_\mathrm{c} = \frac{Ux}{\nu}$$

である.流れが層流から乱流に遷移する位置は,実際上の値として $Re_\mathrm{c} = 5 \times 10^5$ を採用すると,次式で得られる.

$$x = Re_\mathrm{c} \frac{\nu}{U} = 5 \times 10^5 \times \frac{1.5 \times 10^{-5}}{15} = 0.5\,\mathrm{m}$$

9.3 境界層方程式

物体に沿う流れにおいて境界層の厚さは,物体の表面からの速度勾配がゼロになるまでの距離であり,前節でも述べたように,厚さは物体の代表寸法に比較して非常に薄い.いま,2次元物体に沿う境界層を考える.

物体に平行な主流方向を x 軸,これと垂直な方向を y 軸とすると,2次元流れのナビエ-ストークスの運動方程式は,第8章に示したように,

$$\frac{\partial u}{\partial t} + u\frac{\partial u}{\partial x} + v\frac{\partial u}{\partial y} = -\frac{1}{\rho}\frac{\partial p}{\partial x} + \nu\left(\frac{\partial^2 u}{\partial x^2} + \frac{\partial^2 u}{\partial y^2}\right) \tag{9.2}$$

$$\frac{\partial v}{\partial t} + u\frac{\partial v}{\partial x} + v\frac{\partial v}{\partial y} = -\frac{1}{\rho}\frac{\partial p}{\partial y} + \nu\left(\frac{\partial^2 v}{\partial x^2} + \frac{\partial^2 v}{\partial y^2}\right) \tag{9.3}$$

となり,連続の式は,

$$\frac{\partial u}{\partial x} + \frac{\partial v}{\partial y} = 0 \tag{9.4}$$

となる.ここで,u, v は x, y 方向の速度,p は圧力,ρ は密度,ν は動粘度である.上式は厳密な方程式であるが,方程式の各項の大きさを見積もることにより,上式より近似的であるが簡単な境界層の流れを表す方程式を導くことにする.

境界層の流れは主流方向で非常に薄いため,境界層厚さを δ とするとき,上式の各項のオーダーはつぎのようになる.ここで記号 ∼ は,大きさの程度,すなわちオーダー (order) が一致することを意味する.

いま，u，および u の時間 t および距離 x に関する微分を，基準の大きさ 1 のオーダーとする．すなわち，

$$u \sim 1, \quad \frac{\partial u}{\partial t} \sim 1, \quad \frac{\partial u}{\partial x} \sim 1$$

となる．式 (9.4) の連続の式より，$\partial v/\partial y$ のオーダーは $\partial u/\partial x \sim 1$ であるから，

$$\frac{\partial v}{\partial y} \sim 1$$

となる．y は物体の表面からの距離で境界層の厚さ δ と同程度であるから，オーダーは，

$$y \sim \delta$$

となる．このため，v のオーダーは $\partial v/\partial y \sim 1$ であるから，

$$v \sim \delta$$

となる．したがって，ナビエ–ストークスの運動方程式 (9.2) の左辺の各項のオーダーは，

$$u\frac{\partial u}{\partial x} \sim 1, \quad v\frac{\partial u}{\partial y} \sim 1$$

と表される．また，運動方程式 (9.2) の右辺は，$p \sim \rho u^2 \sim \rho$ であるから，

$$\frac{1}{\rho}\frac{\partial p}{\partial x} \sim 1, \quad \frac{\partial^2 u}{\partial x^2} \sim 1, \quad \frac{\partial^2 u}{\partial y^2} \sim \frac{1}{\delta^2}$$

と表される．境界層の厚さ δ は 1 に比べて小さいと考えられるから，$\partial^2 u/\partial x^2$ は $\partial^2 u/\partial y^2$ に比べて無視できる．すなわち，式 (9.2) は次式となる．

$$\frac{\partial u}{\partial t} + u\frac{\partial u}{\partial x} + v\frac{\partial u}{\partial y} = -\frac{1}{\rho}\frac{\partial p}{\partial x} + \nu\frac{\partial^2 u}{\partial y^2} \tag{9.5}$$

式 (9.5) で，$\nu\left(\partial^2 u/\partial y^2\right) \sim 1$ とすると，$\partial^2 u/\partial y^2 \sim 1/\delta^2$ となっているから $\nu \sim \delta^2$ である．

同様に，式 (9.3) の左辺は，

$$\frac{\partial v}{\partial t} \sim \delta, \quad u\frac{\partial v}{\partial x} \sim \delta, \quad v\frac{\partial v}{\partial y} \sim \delta$$

となる．一方，式 (9.3) の右辺は，

$$\frac{1}{\rho}\frac{\partial p}{\partial y} \sim \frac{1}{\delta}, \quad \nu\frac{\partial^2 v}{\partial x^2} \sim \delta^3, \quad \nu\frac{\partial^2 v}{\partial y^2} \sim \delta$$

と得られる．結局，式 (9.3) は次式のように簡単化される．

$$\frac{1}{\rho}\frac{\partial p}{\partial y} = 0 \tag{9.6}$$

以上の結果をまとめると，境界層内の流れを表現するナビエ–ストークスの運動方程式，および連続の式は以下のようにまとめられる．

$$\frac{\partial u}{\partial t} + u\frac{\partial u}{\partial x} + v\frac{\partial u}{\partial y} = -\frac{1}{\rho}\frac{\partial p}{\partial x} + \nu\frac{\partial^2 u}{\partial y^2} \tag{9.7}$$

$$\frac{\partial p}{\partial y} = 0 \tag{9.8}$$

$$\frac{\partial u}{\partial x} + \frac{\partial v}{\partial y} = 0 \tag{9.9}$$

上式は，非圧縮性流体における 2 次元の**境界層方程式**（boundary layer equation）といい，プラントルによって導かれた．なお，式 (9.8) によれば，境界層内では圧力が壁面に垂直方向に一定で，境界層外の圧力と同一であり，主流方向のみの関数となっている．

境界層の外側の主流に対しては，ベルヌーイの式が成り立つので，

$$p(x) + \frac{\rho}{2}U^2(x) = \text{const.} \tag{9.10}$$

であり，これを微分して，

$$-\frac{1}{\rho}\frac{\mathrm{d}p}{\mathrm{d}x} = U\frac{\mathrm{d}U}{\mathrm{d}x} \tag{9.11}$$

となる．これを式 (9.7) に代入すると，定常流れに対して，

$$u\frac{\partial u}{\partial x} + v\frac{\partial u}{\partial y} = U\frac{\mathrm{d}U}{\mathrm{d}x} + \nu\frac{\partial^2 u}{\partial y^2} \tag{9.12}$$

を得る．これを式 (9.7) の代わりに使うことができる．

9.4 運動量積分方程式

境界層方程式は，ナビエ–ストークスの運動方程式よりかなり簡略化されているが，それでもその解を得るのは容易ではない．カルマンは運動量の法則を使って，境界方程式を厚さ方向に積分し，境界層厚さの流れ方向の変化のみに着目した別の形の境界

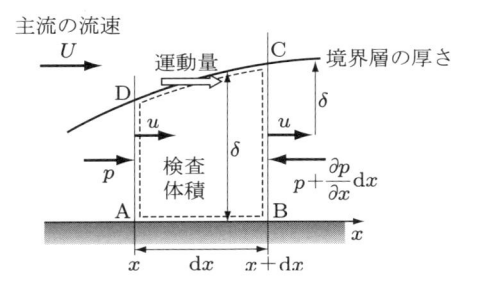

図 9.3 運動量に対して検査する微小体積

層方程式を導いた．

図 9.3 に示すように，任意位置の境界層において，検査する微小流体 ABCD を考える．紙面に垂直方向に単位長さをとるものとする．まず，この検査体積内の質量保存を検討する．

まず，AD を通して左から検査体積内に流入する質量は，

$$\int_0^\delta \rho u \, dy \tag{9.13}$$

である．一方，BC を通して右から流出する質量は，

$$\int_0^\delta \rho u \, dy + \frac{d}{dx}\left[\int_0^\delta \rho u \, dy\right] dx \tag{9.14}$$

となる．流出する質量と流入する質量との差

$$\frac{d}{dx}\left[\int_0^\delta \rho u \, dy\right] dx \tag{9.15}$$

は，質量が保存されなければならないので，検査体積の上部から CD を通して流入する．

つぎに，運動量については，AD から流入する運動量は，

$$\int_0^\delta \rho u^2 \, dy \tag{9.16}$$

であり，BC から流出する運動量は，

$$\int_0^\delta \rho u^2 \, dy + \frac{d}{dx}\left[\int_0^\delta \rho u^2 \, dy\right] dx \tag{9.17}$$

である．また，検査体積の上部から CD を通して流入する運動量は，すでに求めた式

(9.15) で与えられる質量と境界層外の速度 U との積

$$U\frac{\mathrm{d}}{\mathrm{d}x}\left[\int_0^\delta \rho u\,\mathrm{d}y\right]\mathrm{d}x \tag{9.18}$$

で与えられる．したがって，単位時間に微小体積 ABCD より x 方向に流出する運動量と流入する運動量の差は，

$$\frac{\mathrm{d}}{\mathrm{d}x}\left[\int_0^\delta \rho u^2\,\mathrm{d}y\right]\mathrm{d}x - U\frac{\mathrm{d}}{\mathrm{d}x}\left[\int_0^\delta \rho u\,\mathrm{d}y\right]\mathrm{d}x \tag{9.19}$$

となる．一方，微小体積に作用する力は，圧力 p によって，左側の AD 面に作用する力は $p\delta$，右側の BC 面に作用する力は，$-[p+(\mathrm{d}p/\mathrm{d}x)\mathrm{d}x]\delta$ であるから，微小体積に作用する圧力による力の合計は，

$$p\delta - \left[p+\left(\frac{\mathrm{d}p}{\mathrm{d}x}\right)\mathrm{d}x\right]\delta = -\left(\frac{\mathrm{d}p}{\mathrm{d}x}\mathrm{d}x\right)\delta \tag{9.20}$$

となる．物体表面と接する流体の AB 面には，x の負の方向にせん断力が作用するので，流れが層流とすると，

$$-\tau_\mathrm{w}\mathrm{d}x$$

が作用し，CD 面では $\mathrm{d}u/\mathrm{d}y=0$ であるからせん断応力は作用しない．ここで，τ_w は壁面と流体との間の AB 面のせん断応力を示す．

以上の値を使って，微小体積 ABCD に 4.10 節で述べた運動量の法則を適用する．x 方向の運動量の変化は，流体に作用する x 方向の力の総和とつり合い，

$$-\tau_\mathrm{w}\mathrm{d}x - \left(\frac{\mathrm{d}p}{\mathrm{d}x}\mathrm{d}x\right)\delta = \frac{\mathrm{d}}{\mathrm{d}x}\left[\int_0^\delta \rho u^2\,\mathrm{d}y\right]\mathrm{d}x - U\frac{\mathrm{d}}{\mathrm{d}x}\left[\int_0^\delta \rho u\,\mathrm{d}y\right]\mathrm{d}x \tag{9.21}$$

これより，

$$\tau_\mathrm{w} = -\frac{\mathrm{d}}{\mathrm{d}x}\left[\int_0^\delta \rho u^2\,\mathrm{d}y\right] + U\frac{\mathrm{d}}{\mathrm{d}x}\left[\int_0^\delta \rho u\,\mathrm{d}y\right] - \frac{\mathrm{d}p}{\mathrm{d}x}\delta \tag{9.22}$$

となる．上式の右辺の第 2 項は数学の公式により，

$$U\frac{\mathrm{d}}{\mathrm{d}x}\left[\int_0^\delta \rho u\,\mathrm{d}y\right] = \frac{\mathrm{d}}{\mathrm{d}x}\left[U\int_0^\delta \rho u\,\mathrm{d}y\right] - \frac{\mathrm{d}U}{\mathrm{d}x}\int_0^\delta \rho u\,\mathrm{d}y \tag{9.23}$$

となる．一方，境界層外の流れでは，運動方程式は次式で表される．

$$\frac{\partial U}{\partial t} + U\frac{\partial U}{\partial x} = -\frac{1}{\rho}\frac{\partial p}{\partial x} \tag{9.24}$$

定常流れでは $\partial U/\partial t = 0$ であり，境界層外の流速 U および圧力 p は，主流方向のみの関数だから右辺は常微分になるので，上式は，

$$\frac{\mathrm{d}p}{\mathrm{d}x} = -\frac{\mathrm{d}U}{\mathrm{d}x}\rho U \tag{9.25}$$

となる．この式を y について 0 から δ まで積分して，

$$\frac{\mathrm{d}p}{\mathrm{d}x}\delta = -\frac{\mathrm{d}U}{\mathrm{d}x}\int_0^\delta \rho U \mathrm{d}y \tag{9.26}$$

の表現にすることができる．式 (9.23) と (9.26) を式 (9.22) に代入すると次式が得られる．

$$\tau_{\mathrm{w}} = \frac{\mathrm{d}}{\mathrm{d}x}\int_0^\delta \rho u\,(U-u)\,\mathrm{d}y + \frac{\mathrm{d}U}{\mathrm{d}x}\int_0^\delta \rho\,(U-u)\,\mathrm{d}y \tag{9.27}$$

式 (9.27) を**カルマンの運動量積分方程式** (momentum integral equation) という．これは層流，および乱流の両方に適用できる．

この運動量積分方程式はつぎのようにしても求められる．9.3 節で求めた境界層方程式の式 (9.7) を，定常流れ $\partial u/\partial t = 0$ として，$y = 0$ から境界層の外側の $y = \delta$ まで積分すると，次式が得られる．

$$\int_0^\delta u\frac{\partial u}{\partial x}\mathrm{d}y + \int_0^\delta v\frac{\partial u}{\partial y}\mathrm{d}y = -\int_0^\delta \frac{1}{\rho}\frac{\partial p}{\partial x}\mathrm{d}y + \int_0^\delta \nu\frac{\partial^2 u}{\partial y^2}\mathrm{d}y \tag{9.28}$$

上式に，式 (9.25) などを使って変形する．これを，境界条件として，物体と流体の境界 $y = 0$ では $u = v = 0$，また，境界層と外側の流れとの境界 $y = \delta$ では，$u = U$，$\partial u/\partial y = 0$ を使って積分する．さらに例題 4.3 で述べた 2 次元流れの連続の式を積分して得られる

$$v = -\int_0^y \frac{\partial u}{\partial x}\mathrm{d}y \tag{9.29}$$

の関係などを代入し，ライプニッツ (Leibnitz) の法則を使って整理すると，式 (9.27) と同じ運動量積分方程式が求まる．すなわち，左辺第 2 項には部分積分法を適用し，左辺第 1 項には式 (9.25) の考え方を適用し，さらに右辺第 2 項にはニュートンの粘性法則を用いて，せん断応力と関係づければよい．

式 (9.29) で δ を正確に求めること，すなわち $u = U$ となる境界層でなくなる境目の位置を決めることは困難であり，実験結果の整理などには以下の厚さが用いられる．

$$\delta^* = \frac{1}{U} \int_0^\delta (U - u) \mathrm{d}y \tag{9.30}$$

この δ^* を**排除厚さ**（displacement thickness）という．これは境界層の速度分布に応じての流量の欠損量を一様流とみなした場合と等しくして，等価的な厚さで示したものである．また，

$$\theta = \frac{1}{U^2} \int_0^\delta u(U - u) \mathrm{d}y \tag{9.31}$$

を**運動量厚さ**（momentum thickness）といい，境界層の速度分布に応じての運動量の欠損量を一様流とみなした場合と等しくして，同様に等価的な厚さで示したものである．さらに，これらの厚さ δ^*, θ を使って，式 (9.27) の**運動量積分方程式**はつぎのように表される．

$$\frac{\tau_\mathrm{w}}{\rho U^2} = \frac{\mathrm{d}\theta}{\mathrm{d}x} + \frac{1}{U}\frac{\mathrm{d}U}{\mathrm{d}x}(2\theta + \delta^*) \tag{9.32}$$

9.5 境界層のはく離

物体に沿う流れにおいて，途中で圧力が流れ方向に急激に上昇する場合などのように，主流が逆の圧力勾配で下流に流れるとき，境界層の流れは圧力による力と粘性による摩擦力に抵抗して流れるので，流体の運動エネルギーは奪われ，物体近傍の速度の遅い流体粒子はついに下方に流れようとする運動エネルギーを失い，停止してしまう．このとき下流側の圧力が高いために逆流を生じ，上流からの境界層内の流線は物体の表面からはがれることになる．6.6.1 項で述べたように，この現象を境界層のはく離という．図 9.4 はこのはく離の状態を示す．

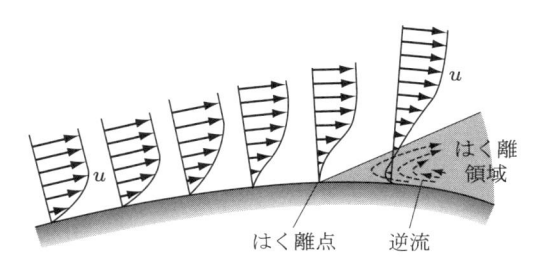

図 **9.4** 流れ速度分布と境界層内のはく離

9.5 境界層のはく離

図のはく離点では，

$$\left(\frac{du}{dy}\right)_{y=0} = 0 \tag{9.33}$$

となる．この点より下流では $(du/dy)_{y=0} < 0$ となり，はく離を生じ，渦を伴う後流が物体の後方に生じる．

このようなはく離の防止として，図 9.5 に示すような対策法がある．図 (a) は逆流しそうになった境界層流れに，逆に新たな流れを吹き込んで運動エネルギー，すなわち運動量の大きい流れにするという考え方のものである．航空機の翼では，翼のわん曲，またはわん曲直前の壁面上のスリットから流体を高速で噴出し，境界層流れが物体と接触する近傍に運動エネルギーを供給することが行われる．図 (b) では逆流しそうになった境界層流れを吸い込んで，上層の運動量の大きい流れを物体の表面流れにする考えである．図 (c) では小さな突起またはくぼみを物体表面に置いて，境界層流れを乱流境界層にして上層の運動量の大きい流れと混ぜ，はく離を遅らせる考えである．

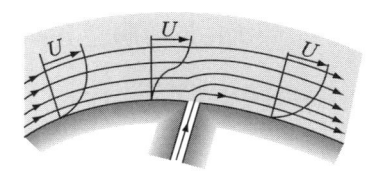

（a）境界層流れに新たな流れを吹き込む

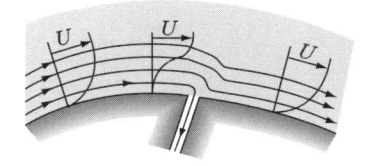

（b）境界層流れの一部を吸い込む

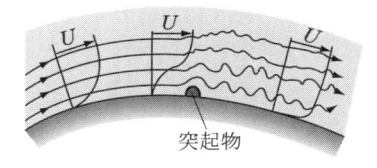

突起物

（c）物体表面に突起物を設置

図 9.5 境界層流れのはく離の防止策

例題 9.2

身近な例で，水を定常的に流出しているところに凸面をもった軽い円柱などを近づけると流れに吸い込まれることがある．また，静止している風船などの側面に風を吹きかけると，吹きかけている風の流れの中心軸に寄ってくる場合がある．この現象を考察せよ．

▷ **解** 壁面に沿って流出する噴流は，壁面が湾曲していてもそれに沿って流れる性質がある．流れが曲げられることにより流体は遠心力を受け，物体の壁面に近い圧力は，物体からかなり離れた外側の圧力（大気圧）に比べて低くなる．これは流線の曲がりに基づく圧力差によるが，流れが曲げられることによる反作用でもある．とくに，流れが凸面に沿って流れようとする性質を**コアンダ効果**（Coanda effect）という．この効果は，航空機や回転機械の翼における大きな揚力の発生に役立っている．

9.6 ⊞ 平板に沿う層流境界層

境界層方程式は，ナビエ–ストークスの運動方程式よりかなり簡略化されているが，$u(\partial u/\partial x)$ 項などの非線形性により厳密解を得るのが容易ではない．しかし，図 9.6 に示すように，流れに平板がある場合は厳密解が得られる．

図に示す流速 U の一様流中において，平板に沿って x 軸を選び，流れは定常で $\partial u/\partial t = 0$，圧力勾配はゼロで $\mathrm{d}p/\mathrm{d}x = 0$ とする．このとき，式 (9.7) の境界層方程式は，

$$u\frac{\partial u}{\partial x} + v\frac{\partial u}{\partial y} = \nu \frac{\partial^2 u}{\partial y^2} \tag{9.34}$$

となり，連続の式は，

$$\frac{\partial u}{\partial x} + \frac{\partial v}{\partial y} = 0 \tag{9.35}$$

である．境界条件は，壁面 $y=0$ で $u=v=0$，$y=\infty$ で $u=U$ である．境界層内の速度 u は x と y の関数であり，$y=0$ では x のどの位置でも $u=0$ であり，$y=\delta$ では x のどの位置でも $u/U \fallingdotseq 1$ である．したがって，無次元流速 u/U は無次元 y 座標の y/δ のみの関数と仮定できる．また，式 (9.34) において，左辺第 1 項は，$u \sim U$ であるので，左辺は

$$\sim \frac{U^2}{x}$$

と考えられる．一方，右辺は，$y \sim \delta$ であるから，

$$\sim \nu \frac{U}{\delta^2}$$

となり，

$$\delta \sim \sqrt{\frac{\nu x}{U}}$$

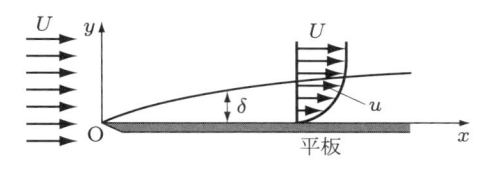

図 9.6　平板に沿う流れ

となるから,無次元 y 座標として η をつぎのように定義する.

$$\eta \equiv y\sqrt{\frac{U}{\nu x}} \tag{9.36}$$

連続の式を考察する代わりに,速度 u, v を流れ関数 ψ から得るため,流れ関数 ψ を

$$\psi = \sqrt{\nu x U} f(\eta) \tag{9.37}$$

と定義すると,流速は

$$u = \frac{\partial \psi}{\partial y} = \frac{\partial \psi}{\partial \eta}\frac{\partial \eta}{\partial y} = U f'(\eta) \tag{9.38}$$

$$v = -\frac{\partial \psi}{\partial x} = \frac{1}{2}\sqrt{\frac{\nu U}{x}}\left[\eta f'(\eta) - f(\eta)\right] \tag{9.39}$$

と得られる.ここで,′(プライム)は η についての微分を表す.これらを式 (9.34) に代入すると,次式が得られる.

$$ff'' + 2f''' = 0 \tag{9.40}$$

境界条件は,$\eta = 0$ で $f = 0$, $f' = 0$ であり,$\eta = \infty$ で $f' = 1$ である.

このように,平板の層流境界層方程式は,式 (9.40) の非線形の関数 f に関する常微分方程式になることがわかる.この解はブラジウス(Blasius)によって数値的に解かれ,図 9.7 に示すような平板の層流境界層内の速度分布が得られている.この図より,上述の無次元化した流速 u/U と無次元化した $\eta \equiv y\sqrt{U/\nu x}$ を使うと,平板の前縁からの距離 x によらず,速度分布が一定の形で表されることがわかる.このような解を**相似解**(similar solution)という.

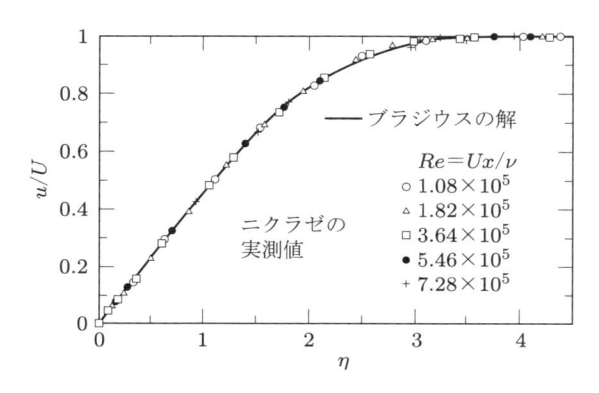

図 **9.7** 平板層流境界層内の速度分布
(日本機械学会編:機械工学便覧 基礎編 $\alpha 4$ 流体工学,日本機械学会,2006.)

平板表面に作用する摩擦のせん断応力 τ_w は，

$$\tau_\mathrm{w} = \mu \left(\frac{\partial u}{\partial y}\right)_{y=0} = \mu U \sqrt{\frac{U}{\nu x}} f''(0) = 0.332 \mu U \sqrt{\frac{U}{\nu x}} \tag{9.41}$$

となる．長さ l で単位長さ幅の平板の片側に作用する**摩擦抵抗**（frictional drag）D は，

$$D = \int_0^l \tau_\mathrm{w} \mathrm{d}x = 0.664 \mu U \sqrt{\frac{Ul}{\nu}} = 0.664 \mu U \sqrt{Re} \tag{9.42}$$

となる．ここで，$Re = Ul/\nu$ である．平板の**摩擦抵抗係数**（skin frictional drag coefficient）C_f は次式で定義され，つぎのように表される．

$$C_\mathrm{f} = \frac{D}{\rho U^2 l/2} = 1.328 \sqrt{\frac{\nu}{Ul}} = \frac{1.328}{\sqrt{Re}} \tag{9.43}$$

境界層内の流速は，物体表面から遠ざかるにつれて，境界層の外側の流速に近づく．境界層外側の速度の 99% に達した位置をもって境界層厚さと定義すれば，$u/U = f'(\eta) = 0.99$ より，図 9.7 に示すように，$\eta \fallingdotseq 5.0$ と数値計算できるので，

$$\delta \fallingdotseq (y)_{\eta=5.0} = 5.0 \sqrt{\frac{\nu x}{U}} \tag{9.44}$$

となる．物理的意味が正確に定義される排除厚さ δ^*，および運動量厚さ θ は，式 (9.30)，(9.31) より

$$\delta^* = 1.721 \sqrt{\frac{\nu x}{U}}, \quad \theta = 0.664 \sqrt{\frac{\nu x}{U}} \tag{9.45}$$

となる．

ブラジウスの厳密解以外に，速度分布を壁面に垂直の距離と境界層厚さの比を関数とする高次多項式で近似し，運動量方程式を用いて近似解析する方法もある．

例題 ▣ 9.3

流速 $U = 2.0\,\mathrm{m/s}$ の空気の一様流に，幅 $b = 0.40\,\mathrm{m}$，長さ $l = 0.1\,\mathrm{m}$ の翼に相当する平板が置かれている．翼後端での境界層厚さ，排除厚さ，運動量厚さおよび抗力を求めよ．ただし，空気の粘度および動粘度は，それぞれ $\mu = 1.76 \times 10^{-5}\,\mathrm{Pa \cdot s}$，$\nu = 1.41 \times 10^{-5}\,\mathrm{m^2/s}$ である．

▷ **解** 翼後端でのレイノルズ数は,
$$Re = \frac{Ul}{\nu} = \frac{2 \times 0.1}{1.41 \times 10^{-5}} = 1.418 \times 10^4$$
であり,式 (9.1) の臨界レイノルズ数の 3.5×10^5 より小さく,乱流に遷移していないと考えられるから,層流として扱える.翼後端での境界層厚さは,式 (9.44) より,
$$\delta = 5.0\sqrt{\frac{\nu l}{U}} = 5.0 \times \sqrt{\frac{1.41 \times 10^{-5} \times 0.1}{2.0}} = 5.0 \times 0.8396 \times 10^{-3}$$
$$= 4.198 \times 10^{-3}\,\text{m} = 4.20\,\text{mm}$$
となる.排除厚さは式 $(9.45)_1$ より,
$$\delta^* = 1.721\sqrt{\frac{\nu l}{U}} = 1.721 \times \sqrt{\frac{1.41 \times 10^{-5} \times 0.1}{2.0}} = 1.45 \times 10^{-3}\,\text{m}$$
$$= 1.45\,\text{mm}$$
となる.運動量厚さは,式 $(9.45)_2$ より
$$\theta = 0.664\sqrt{\frac{\nu l}{U}} = 0.664 \times \sqrt{\frac{1.41 \times 10^{-5} \times 0.1}{2.0}} = 0.558 \times 10^{-3}\,\text{m}$$
$$= 0.558\,\text{mm}$$
となる.単位長さあたりの抗力は,式 (9.42) よりつぎのように得られる.
$$D = 0.664\mu U\sqrt{\frac{Ul}{\nu}} = 0.664 \times 1.76 \times 10^{-5} \times 2.0 \times \sqrt{\frac{2.0 \times 0.1}{1.41 \times 10^{-5}}}$$
$$= 0.664 \times 1.76 \times 10^{-5} \times 2.0 \times 1.191 \times 10^2 = 2.78 \times 10^{-3}\,\text{N/m}$$
よって,全抗力は次式となる.
$$Db = 2.78 \times 10^{-3} \times 0.4 = 1.11 \times 10^{-3}\,\text{N}$$

9.7 乱流境界層

境界層内の層流が乱流に変化すると,円管内流れでも述べたように,せん断応力の発生のメカニズムも大きく変化する.図 9.8 は平板の境界層について層流から乱流に移る遷移前後の流速分布の変化を示す.

乱流境界層の運動方程式は,レイノルズ方程式 (8.61)〜(8.63) から微小項を省略して得られる.また,近似解を求める運動量方程式は,層流の場合と同じで,式 (9.27) を使えばよい.

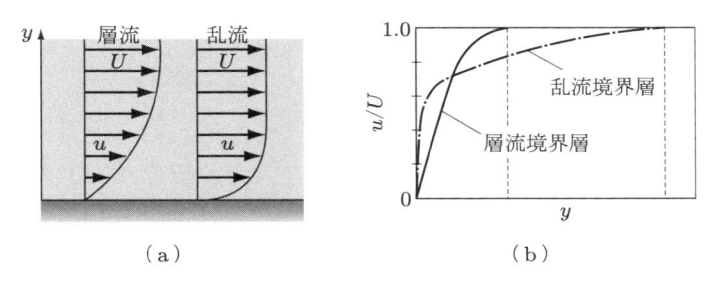

図 9.8 境界層の層流から乱流への遷移

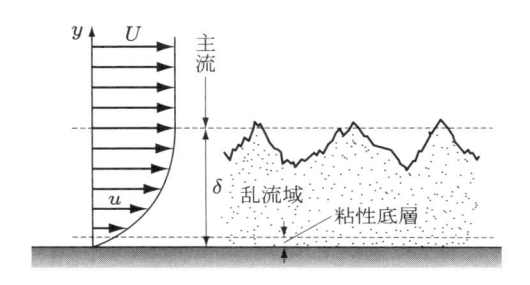

図 9.9 乱流境界層の流れ模様

　層流境界層流れが乱流境界層流れに変わっても，すべてが乱流になるのではなく，物体の壁面のごく近傍では層流に近い性質をもつ層ができる．これは，7.4節の円管内の乱流でも述べたように，**粘性底層**といい，図9.9に示すような物体表面の非常に薄い層である．一方，主流は図に示す一定の速度Uをもち，全体の流れ場の条件にもよるが，本来，層流またはそれに近い流れと考えられる．境界層流れの近辺の主流は新たに乱れを生じることはないといえる．これに対して，境界層内の流れは，乱流になってからもせん断流れの場からエネルギーをもらって変化していく．このため，主流と乱流境界層との界面では，図に示すように，不規則に変動して流体は流れていることになる．

　このように，円管内の乱流のところで述べた，なめらかな円管とあらい円管との流れの相違と同様に，乱流境界層では物体の表面の粗さが流れに影響を与える．

例題 ■ 9.4
層流境界層と乱流境界層では，どちらがはく離しやすいか．
　▷ **解**　はく離の現象は，流体が境界層の壁面近傍で流体のもつエネルギーが粘性によって消費されて正の圧力落差をなくし，減速されることにより生じる．乱流の場合，大小さまざまな大きさの渦が生じ，主流から境界層へのエネルギーの輸送が活発で，壁面上の減速の程度は層流に比べて小さい．層流はこのエネルギーの補給が

小さいため乱流に比べてはく離しやすい．6.6 節で述べたように，ゴルフボールにディンプルをつけるのも乱流にしてはく離を遅らせるためである．

乱流境界層の運動方程式は，解析的に解くことが難しいので，実験に依存した数値解析を行うことが多い．円管内の流れと同様の扱いができ，なめらかな平板に対して**指数法則**およびプラントルの**対数法則**が適用できる．

なめらかな**平板**上の摩擦抵抗は，指数法則として 1/7 乗則を適用した場合の流速分布を

$$\frac{u}{U} = \left(\frac{y}{\delta}\right)^{\frac{1}{7}} \tag{9.46}$$

とし，また，壁面せん断応力を

$$\tau_\mathrm{w} = 0.0225 \rho U^2 \left(\frac{\nu}{U\delta}\right)^{\frac{1}{4}} \tag{9.47}$$

のブラジウスの経験式を採用し，これらを運動量方程式に代入して解くと，境界層厚さ δ は

$$\delta = 0.37 x \left(\frac{\nu}{Ux}\right)^{\frac{1}{5}} \tag{9.48}$$

となる．また，平板の摩擦抵抗係数 C_f は，実験結果に一致させるために係数を修正して，

$$C_\mathrm{f} = 0.074 \left(\frac{\nu}{Ul}\right)^{\frac{1}{5}} \tag{9.49}$$

で与えられる．$Re = Ul/\nu$ とすると，$5 \times 10^5 < Re < 5 \times 10^6$ の範囲で適用できる．

対数法則の式 (7.36) を適用すると，平板の摩擦抵抗係数 C_f はつぎのようになる．

$$C_\mathrm{f} = \frac{0.455}{[\log_{10}(Ul/\nu)]^{2.58}} \tag{9.50}$$

この式は，**プラントルとシュリヒティング**（Prandtl-Schlichting）が数値計算で近似的に求めた式で，$Re = 10^9$ 程度まで実験とよく一致する．

また，**あらい平板**に対しても，円管内の流れと同じ式を用いて，**粗さレイノルズ数**を考慮して対数法則すなわち壁法則を適用すればよい．

演習問題

[9.1] 境界層の概念について説明せよ．

[9.2] 流速 5 m/s の一様な水の流れがある．この流れに長さ 2 m の平板が流れに平行に置かれている．平板の前縁から何 m の位置で層流から乱流への遷移が起こるか．ただし，臨界レイノルズ数は，一般によく用いられる $Re_c = 5 \times 10^5$ とする．また，水の動粘度は $1.307 \times 10^{-6}\,\mathrm{m^2/s}$ とする．

[9.3] 航空機が時速 600 km/h で飛行している．翼弦の長さが 4 m で，幅 20 m とする．これを平板とみなして，翼の後縁での境界層厚さ，および摩擦抗力を求めよ．ただし，空気の密度を $\rho = 1.247\,\mathrm{kg/m^3}$，動粘度を $\nu = 1.411 \times 10^{-5}\,\mathrm{m^2/s}$ とする．

第10章 単純せん断層, 噴流, 後流

速度の異なる二つの流れが合流したり, 流体がノズルなどから周囲流体より大きい速度で噴出したり, さらに流れの中に置かれた物体の下流の流れなどは, 工業上数多くあり, 重要な流れである.

本章では, これらの流れの基本的性質について学ぶ.

キーワード 単純せん断層, 相似領域, 噴流, ポテンシャルコア, 後流

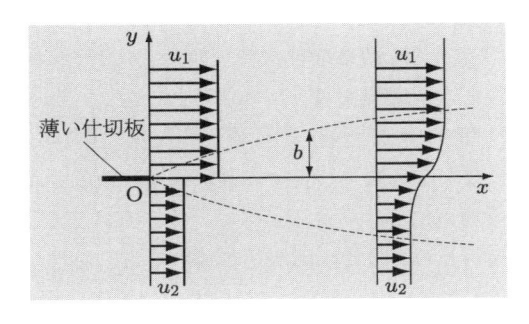

10.1 単純せん断層

図 10.1 に示すように, 薄い板によって仕切られた異なった速度をもつ平行な流れが, 点 O で合流することによって形成されるのが, **単純せん断層**（simple free layer）である. 板の後方では, 二つの流れはせん断層において互いに干渉し, 混合領域が発達する. すなわち, **混合層流**（mixing layer）である. 厳密には, 合流点 O 近傍では仕切られた薄い板による境界層の影響がある.

図において, 仕切り板の後端からの流れ方向の距離を x, せん断層の幅を b とするとき, 混合領域の発達は, 乱流としての取り扱いによる流れの直角方向の速度変動に比例すると考えられるので,

$$\frac{Db}{Dt} \propto v' \tag{10.1}$$

図 **10.1** 単純せん断層

が成り立つ．ここで，v' は乱流速度の流れに垂直な方向の変動成分である．また，7.4.1項で述べたプラントルの混合長理論より速度変動成分 v' は

$$v' \propto l \frac{\partial u}{\partial y} \tag{10.2}$$

で表される．いま，$\partial u/\partial y \fallingdotseq (u_1 - u_2)/b$ と近似すれば，次式が得られる．

$$v' \propto \frac{l}{b}(u_1 - u_2) \tag{10.3}$$

また，一方

$$\frac{Db}{Dt} = \frac{\partial b}{\partial t} + \frac{\partial b}{\partial x}\frac{\partial x}{\partial t} \fallingdotseq \frac{\partial b}{\partial t} + \left(\frac{u_1 + u_2}{2}\right)\frac{\partial b}{\partial x} \tag{10.4}$$

であるので，定常流れのとき $\partial b/\partial t = 0$, $\partial b/\partial x = db/dx$ であるから，式 (10.1)〜(10.4) より

$$\frac{db}{dx} \propto \frac{2l}{b}\frac{u_1 - u_2}{u_1 + u_2} \tag{10.5}$$

となる．したがって，$db/dx = $ const. となり，これを積分すれば，

$$b \propto x \tag{10.6}$$

の関係が得られる．これより，混合層の幅 b は，仕切り板の後端からの距離 x に比例して増加する．このように，速度や乱れが相似になる**相似領域**（region of similarity）が存在することが理解できる．

10.2 噴　流

　流体がノズルなどから周囲流体より大きい速度で流出するときの流れを**噴流**（jet）という．図 10.2 に示すような，流体が非常に長いスリットから同質の静止流体中に一定速度で流出している **2 次元噴流**を考えてみよう．

　流れの状態は三つの領域，すなわち，粘性の影響を受けない**ポテンシャルコア領域**，速度分布が変化し，層流から乱流に移行する**遷移領域**，速度分布が相似形になり，乱流に発達する**完全発達領域**に分けられる．スリットから一定の速度 U_j で流出した噴流は，まわりの静止流体との間にせん断層を形成するが，粘性の作用で次第に遅い速度になり拡散する．一方，中心の一定速度 U_j の領域は次第に狭まり，ついには消滅する．このくさび状の一定速度の部分は粘性の影響を受けないポテンシャル流れになっ

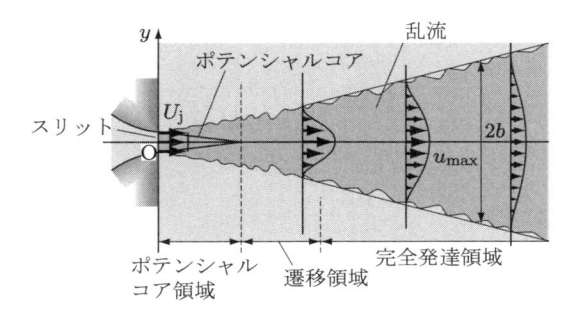

図 10.2 噴流

ており，**ポテンシャルコア**（potential core）という．

以下，完全に乱流噴流に発達した領域について考えてみよう．

噴流の幅については単純せん断層と同様の解析を行うと，噴流の幅は噴流の出口からの距離に比例して増加する．すなわち，相似領域を形成する．噴流の速度は下流にいくに従って次第に減少する．周囲の圧力は x に関係なく一定であるので，噴流の x 方向の運動量は x によらず，どの断面でも一定でなければならない．すなわち，運動量 J は単位スリット長さに対して

$$J = \rho \int_{-b}^{b} u^2 dy = \text{const.} \tag{10.7}$$

となる．これから，

$$u_{\max} \propto \sqrt{\frac{J}{\rho b}} \propto \sqrt{\frac{J}{\rho x}} \propto \frac{1}{\sqrt{x}} \tag{10.8}$$

が得られる．これより，2次元噴流の中心速度は噴流の出口からの距離の平方根に逆比例して減少することがわかる．また，2次元の噴流の速度分布は，乱流境界層方程式を解くことにより，

$$u = \frac{\sqrt{3}}{2} \sqrt{\frac{J\sigma}{\rho x}} \left(1 - \tanh^2 \eta\right) \tag{10.9}$$

で与えられる．ここで，$\eta = \sigma y/x$ で，σ は定数で実験と対比して求めると $\sigma = 7.67$ である．図 10.3 は，式 (10.9) と実験結果を比較したものである．噴流の中心部では実験値とよく一致するが，周辺部では実験値より大きめになっている．これは，周辺部の流れには乱流と層流が間欠的に混在していることによる．

境界層の厚さと同様に，噴流の幅 b も正確に求めることは難しい．このため，速度

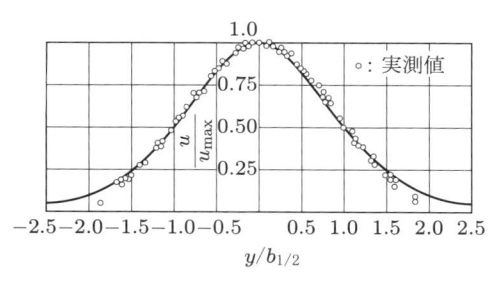

図 10.3 2次元噴流の速度分布（実測値：Forthmann, 実線：計算値）
(N. Rajaratnam: Turbulent Jets, Elsevier, 1976.)

が中心の最大速度の 1/2 になる位置までの幅，すなわち，図 10.2 の y 座標を $b_{1/2}$ として，噴流の代表の半幅とすることもある．図 10.3 の横軸の値が ±1 で，縦軸の値が 0.5 の座標に相当する．また，この場合，$b_{1/2} \fallingdotseq 0.11x$ である．さらに，噴流の全幅の $2b$ は実験結果によると $2b_{1/2}$ の約 2.5 倍で，図の横軸の ±2.5 の座標に対応する．式 (10.9) に $y = 2.5b_{1/2}$ を適用すると，$u/u_{\max} = 0.057$ となる．

10.3 後　流

円柱のような鈍い物体の後方では，図 10.4 に示すように，その表面に沿ってはく離が起こり，速度の不連続面が生じて，下流に速度欠損を伴った**自由乱流**が現れる．自由乱流とは，周囲に固体境界がなく，周囲の流体に乱流運動が広がることに制限がないときである．さらに後方にいくに従って，速度分布は次第になめらかになり，速度欠損はやがて消滅する．このように物体の後方にできる速度欠損を伴う流れを**後流** (wake) という．

一方，図 10.5 に示すように，後縁が鋭くとがっている物体では，表面に沿って発達してきた乱流境界層は，後縁で壁面が突然なくなり，そのまま下流に流出し，後縁直後に鋭いくぼみが形成される．そして，乱流境界層は下流にいくに従って拡散し，速

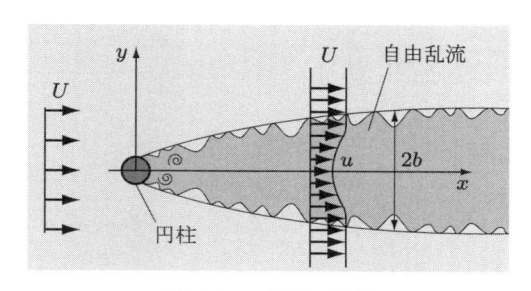

図 10.4 円柱の後流

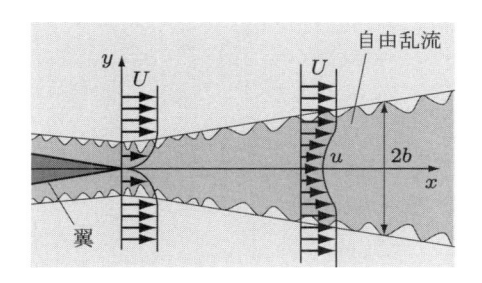

図 10.5 翼の後流

度分布は次第になめらかになり，速度欠損は回復していく．

さて，流れを2次元として，十分下流の後流の幅 b や速度欠損 $u_1 = U - u$ が，後縁からの距離 x とどのような関係にあるかを検討してみよう．y 方向速度変化は小さいので，y 方向の圧力変化は無視できる．後流の外側の圧力は一定なので，2次元内で圧力勾配はないことになる．

後流の幅 b の増加率 Db/Dt は，10.1節で述べたように，つぎの関係が成り立つ．

$$\frac{Db}{Dt} \fallingdotseq \frac{\mathrm{d}b}{\mathrm{d}x}\frac{\mathrm{d}x}{\mathrm{d}t} \fallingdotseq U\frac{\mathrm{d}b}{\mathrm{d}x}, \quad \frac{Db}{Dt} \propto v' \propto l\frac{\partial u}{\partial y} \propto b\frac{u_{1\max}}{b} = u_{1\max} \tag{10.10}$$

ここで，$u_1 = U - u$ であり，$u_{1\max}$ は最大速度欠損である．上式の二つの関係より次式が得られる．

$$u_{1\max} \propto U\frac{\mathrm{d}b}{\mathrm{d}x} \tag{10.11}$$

一方，物体に作用する抗力 D は運動量の法則より，運動量欠損に等しいので，$u \fallingdotseq U$ であることと流れが相似形を保つことを考慮すると，

$$D = \rho \int_{-b}^{b} u(U-u)\mathrm{d}y \fallingdotseq \rho U \int_{-b}^{b} u_1 \mathrm{d}y \propto \rho U u_{1\max} b \tag{10.12}$$

となり，式 (10.11) を代入すると，

$$D \propto \rho U^2 b\frac{\mathrm{d}b}{\mathrm{d}x} \tag{10.13}$$

となる．上式の D および ρU^2 は一定であるから，

$$b\frac{\mathrm{d}b}{\mathrm{d}x} = \mathrm{const.} \tag{10.14}$$

とならなければならない．よって，上式を積分すると，

$$b \propto \sqrt{x} \tag{10.15}$$

となる．このように，後流の幅は距離 x の平方根に比例し，x に比例する噴流の場合に比べて拡がり方が小さい．

後流の速度分布は，噴流と同様に乱流境界層方程式を単純化して解くことにより，つぎのように得られる．

$$u_1 = u_{1\max} \exp\left(-\frac{\eta^2}{0.0888 C_\mathrm{D}}\right) \tag{10.16}$$

この式は，乱流境界層方程式を後流に適用して，式 (10.16) の指数関数のべき乗値を実験的に決めたものである．ここで，$\eta = y/\sqrt{xd}$ であり，C_D は円柱の抗力係数である．図 10.6 は，上式の速度分布を実験結果と比較したものである．また，噴流と同様に，$u_1 = u_{1\max}/2$ になる後流の幅 $b_{1/2}$ は，式 (10.16) より，

$$b_{1/2} = 0.248 \sqrt{C_\mathrm{D} x d} \tag{10.17}$$

と得られる．

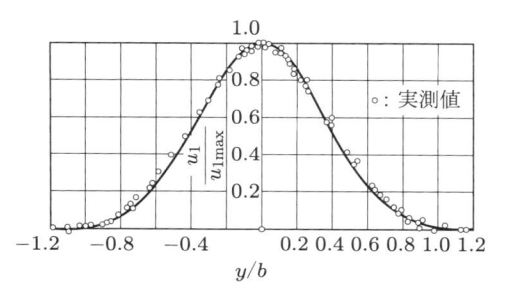

図 10.6 2 次元後流の速度分布（実測値：Schlichting，実線：計算値）
（白倉昌明・大橋秀雄：流体力学 (2)，コロナ社，2003．）

演習問題

[10.1] 単純せん断層の混合層において，混合層の拡がりである幅はせん断層の合流点からの流れ方向の距離といかなる相似関係にあるか．

[10.2] 噴流のポテンシャルコアとはどのような流れかを説明せよ．

[10.3] 噴流の速度は下流にいくに従って次第に減少する．完全発達領域では，2 次元噴流の中心速度は噴流の出口からの距離の平方根に逆比例して減少する．なぜこのような関係が成り立つか．

[10.4] 単純せん断層，および噴流の幅は，始点からの流れ方向の距離の 1 乗に比例するが，後流の場合はどうか．また，差異の有無の理由を述べよ．

第11章 圧縮性流体の流れ

　気体はもちろん，液体でも圧縮性はあるが，圧縮性が小さい場合には実用上無視しても差し支えない．このため，これまでは流体の密度が一定の場合の流れを取り扱ってきた．しかし，気体の高速流れになると，流れに伴う圧力の変化が大きくなり，それによって密度の変化も著しくなるので，圧縮性を無視することはできない．

　本章では，圧縮性を考慮に入れた流体の性質と運動を学ぶ．

キーワード 気体力学，圧縮性流体，マッハ数，超音速流，断熱流れ，臨界圧力，閉塞，衝撃波

11.1 音　速

　流体のもつ圧縮性を考慮に入れたものを，**圧縮性流体の力学**（dynamics of compressible fluid），または**気体力学**（gas dynamics）という．圧縮性流体の力学では，流体中を伝播する微小な圧力の伝播する速度が重要である．この圧力の伝播は，音の伝播のことであり，このメカニズムについて学んでみよう．

　図 11.1(a) に示すような，圧力 p，密度 ρ の静止流体で満たされた比較的長い管（断面積一定）があるとする．この中でピストンが左方向に突然小さな速度 du で移動したとすると，微小な平面波が発生し，左方向に伝播する．平面波が通過した後は，ピストンの左側と平面波の間の流体は圧縮され，その速度は du となり，圧力は $p+dp$，密度は $\rho+d\rho$ となる．これは，静止座標系からみれば非定常流れであるが，平面波の伝播速度をもつ移動座標系で観察すると，定常な流れとして扱える．

　いま，図 (b) に示す平面波の伝播速度 a を移動速度にもつ移動座標系において，静止している平面波を含む検査体積をとると，流体は左側から a の速度で検査体積に流入し，$(a-du)$ の速度で流出する．左側の流入する流体の圧力，密度はそれぞれ p, ρ で，右側の流出する流体の圧力，密度はそれぞれ $(p+dp)$, $(\rho+d\rho)$ となる．検査体積内の連続の条件より，

$$\rho a A = (\rho + d\rho)(a - du) A \tag{11.1}$$

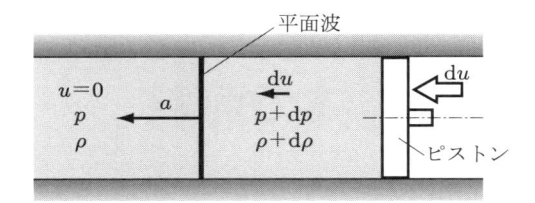

152 第 11 章 圧縮性流体の流れ

図 11.1 平面音波の伝播
（a）静止座標系
（b）移動座標系 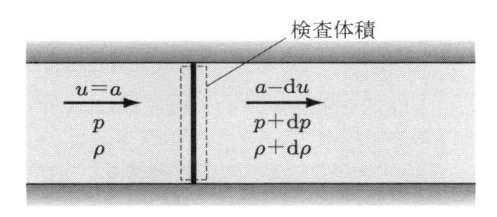

となる．ここで，A は管の断面積である．この式を展開し，2 次の微小項を省略すると，

$$\frac{d\rho}{\rho} = \frac{du}{a} \tag{11.2}$$

となる．運動量の式は，管壁の摩擦が無視できるとすると，

$$A[p - (p + dp)] = \rho a A[(a - du) - a] \tag{11.3}$$

となる．これより，

$$dp = \rho a \, du \tag{11.4}$$

となる．式 (11.2), (11.4) より，

$$a^2 = \frac{dp}{d\rho} \tag{11.5}$$

が得られる．この微小な変動は瞬間的に行われるので，断熱的で摩擦なしの変化，すなわち，等エントロピー的（11.3.5 項参照）である．このことより上式は，

$$a = \sqrt{\left(\frac{\partial p}{\partial \rho}\right)_S} \tag{11.6}$$

となる．これは微小な圧力変動の伝播速度である．ここで，添え字 S は等エントロピーであることを示す．このような微小圧力変動を **音波**（acoustic wave）といい，伝播速

度 a を**音速**（acoustic velocity）という．流体が状態方程式 $p = \rho RT$ に従う**完全気体**（perfect gas）であるとき，上式に等エントロピーの関係式 $p/\rho^\gamma = \text{const.}$ を代入すると，次式が得られる．

$$a = \sqrt{\frac{\gamma p}{\rho}} = \sqrt{\gamma RT} \tag{11.7}$$

ここで，γ は気体の比熱比，R は気体定数，T は絶対温度である．

例題 ■ 11.1

15°C の空気中を伝播する音の速さを求めよ．ただし，15°C の空気の気体定数は $R = 287\,\text{J}/(\text{kg}\cdot\text{K})$ である．また，比熱比は $\gamma = 1.40$ である．

▷ **解** 空気を完全気体として扱うと，式 (11.7) より 15°C の空気中を伝播する音の速さはつぎのように得られる．

$$\begin{aligned}
a &= \sqrt{\gamma RT} = \sqrt{1.40 \times 287 \times (273.15 + 15)}\ (\text{J/kg})^{1/2} \\
&= 340.3\ (\text{N}\cdot\text{m/kg})^{1/2} = 340\,\text{m/s}
\end{aligned}$$

例題 ■ 11.2

連続の式および運動方程式を使って，圧力，密度および速度の変動が音速で伝播することを，図 11.1 と同様に x 方向の 1 次元流れで示せ．

▷ **解** x 軸方向の 1 次元の問題として，式 (8.1) の連続の式，および式 (8.40)〜(8.42) の運動方程式で粘性，および外力がない場合を考えると，

$$\frac{\partial \rho}{\partial t} + \frac{\partial (\rho u)}{\partial x} = 0$$

$$\frac{\partial u}{\partial t} + u\frac{\partial u}{\partial x} = -\frac{1}{\rho}\frac{\partial p}{\partial x}$$

である．いま，静止状態の圧力を p_0，密度を ρ_0 とし，これらの微小変動として p'，ρ'，また速度を u' とし，

$$p = p_0 + p', \quad \rho = \rho_0 + \rho', \quad u = u'$$

で表し，これらを上式に代入し，微小量の高次項を省略すると，

$$\frac{\partial \rho'}{\partial t} + \rho_0 \frac{\partial u'}{\partial x} = 0$$

$$\frac{\partial u'}{\partial t} = -\frac{1}{\rho_0}\frac{\partial p'}{\partial x}$$

となる．これから u' を消去すれば，

$$\frac{\partial^2 \rho'}{\partial t^2} = \frac{\partial^2 p'}{\partial x^2}$$

が得られる．いま，圧力と密度とのあいだに一定の関係があり，p_0, ρ_0 の近傍で $p' = (\mathrm{d}p/\mathrm{d}\rho)\,\rho'$ が成り立つとすれば，上式は，

$$\frac{\partial^2 \rho'}{\partial t^2} = \frac{\mathrm{d}p}{\mathrm{d}\rho}\frac{\partial^2 \rho'}{\partial x^2}$$

と表される．同様に，$\rho' = p'/(\mathrm{d}p/\mathrm{d}\rho)$ の関係を代入すると，

$$\frac{\partial^2 p'}{\partial t^2} = \frac{\mathrm{d}p}{\mathrm{d}\rho}\frac{\partial^2 p'}{\partial x^2}$$

が得られる．u' についても p', ρ' を消去すれば次式が得られる．

$$\frac{\partial^2 u'}{\partial t^2} = \frac{\mathrm{d}p}{\mathrm{d}\rho}\frac{\partial^2 u'}{\partial x^2}$$

これらの式は，密度，圧力および速度の変動に関する波動方程式となる．$\mathrm{d}p/\mathrm{d}\rho = a^2$, $a > 0$ とおくと，上式の解は関数 f, g を用いて，

$$\rho' = f(x - at) + g(x + at)$$

で与えられる．p', u' についても同様に得られる．この右辺の第1項は速度 a で x の正の方向に進む波動で，第2項は負の方向に進む波動である．a は変動の伝播する速度で，音速である．

　この波動方程式は，弦の振動，棒の縦振動とねじり振動，流体柱の振動に対しても同じ形の運動方程式になる．

11.2 ⊞ 圧縮性とマッハ数

　流体の密度は熱力学的状態量であり，圧力と温度の関数として決まる．流れに沿って圧力や温度が変化すれば，密度も変化する．この密度が変化することを流体の**圧縮性**（compressibility）という．ナビエ–ストークスの運動方程式は，流体粒子の微小部分の力のつり合いから求めた微分方程式であり，圧縮性に関係なく成り立つ．しかし，圧縮性流体の解析は，非圧縮性流体に比べて速度，圧力以外に密度が未知数として加わり，さらに解析を困難にしている．

　いま，圧力 p で体積 v の単位質量の流体を考える．圧力が $p + \mathrm{d}p$ に増加したとき，体積は $v + \mathrm{d}v$ になったとする．式 (2.10) で述べたことと同様に，質量保存の法則

$v\rho = (v+\mathrm{d}v)(\rho+\mathrm{d}\rho)$ の関係を用いると，

$$\mathrm{d}p = -K\frac{\mathrm{d}v}{v} = K\frac{\mathrm{d}\rho}{\rho} \tag{11.8}$$

となる．ここで，v は流体の比体積，ρ は密度，K は**体積弾性係数**であり，K の逆数は**圧縮率** β である．

ところで，密度変化を起こしやすい流体でも，ゆっくりとした流れのときは必ずしも圧縮性流体として扱う必要がなく，流れを近似的に非圧縮性とみなせる．いま，密度変化は，

$$\frac{\mathrm{d}\rho}{\rho} = \frac{1}{K}\mathrm{d}p = \beta\mathrm{d}p \tag{11.9}$$

である．一方，$\mathrm{d}p/\mathrm{d}\rho = a^2$ であるから，体積弾性率 K の流体中を伝わる音速は，

$$a = \sqrt{\frac{K}{\rho}} \tag{11.10}$$

となる．流れている流体中では，圧力変化 $\mathrm{d}p$ は，ベルヌーイの式より，主流 u の動圧 $(\rho/2)u^2$ と同程度となり，

$$\mathrm{d}p \sim \frac{\rho}{2}u^2 \tag{11.11}$$

である．式 (11.9), (11.11) より，密度変化は，

$$\frac{\mathrm{d}\rho}{\rho} = \frac{\mathrm{d}p}{K} \sim \frac{(\rho/2)u^2}{\rho a^2} = \frac{1}{2}\left(\frac{u}{a}\right)^2 = \frac{1}{2}M^2 \tag{11.12}$$

となる．ここで，流速 u と音速 a の比，

$$M = \frac{u}{a} \tag{11.13}$$

をドイツの物理学者マッハの名にちなんで**マッハ数**（Mach number）という．流れている流体の密度変化は，流れのマッハ数の 2 乗に比例することがわかる．すなわち，圧縮性の程度は流速によるのでなく，マッハ数によって決まる．いま，$\mathrm{d}\rho/\rho < 0.05$ の範囲を近似的に非圧縮性流体として扱うと，マッハ数は $M < 0.3$ となる．

気体中の一点で微小な変動が起こると，圧力波が生じて周囲に伝播する．図 11.2(a) は物体が静止の状態，すなわち速度 $u=0$ の音源から圧力波が伝播する様子を示したものである．時間 0, 1, 2 秒後に物体から発生した圧縮波は，3 秒後には半径 $3a, 2a, a$ の位置に移動している．図 (b) は物体が速度 $u = a/2$ で移動しているときの圧力波

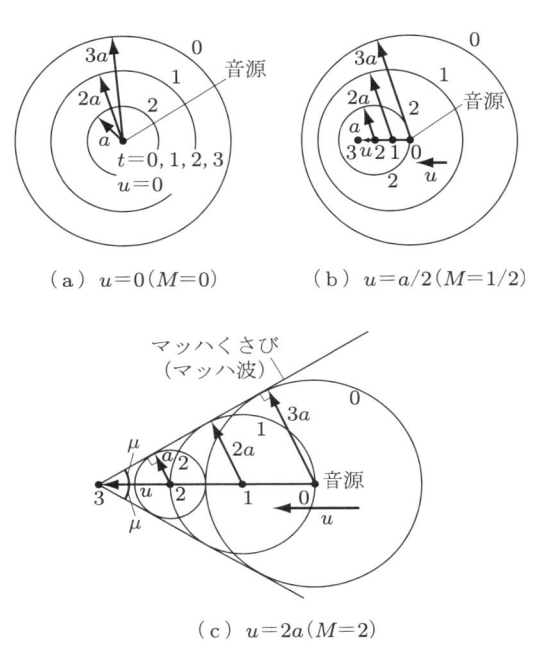

156 第 11 章 圧縮性流体の流れ

（a）$u=0 (M=0)$

（b）$u=a/2 (M=1/2)$

（c）$u=2a (M=2)$

図 11.2 微小変動の伝播

が伝播する様子を示す．0 の位置にあった物体が 1, 2, 3 秒後に 1, 2, 3 の位置にきたとすると，物体から時間 0, 1, 2 秒後に発生した圧力波は，3 秒後には半径 $3a, 2a, a$ の位置に移動している．図 (c) は物体の速度 u が音速 a より速い速度の $2a$ で移動している場合で，物体は 1, 2, 3 秒後に 1, 2, 3 の位置にきたとすると，物体より発生した圧力波は 3 秒後には図に示す円錐を形成して移動する．理解しやすいように 2 次元で示したが，3 次元では円錐面になる．音源が超音速で移動している場合は，音は円錐内では聴こえるが，円錐より前方では聴こえない．この円錐面を**マッハ円錐**（Mach cone）という．また，音源が線音源のときは，**マッハくさび**（Mach wedge）という．マッハ円錐，マッハくさびとも，**マッハ波**（Mach wave）ともいわれる．

マッハ波の傾き角 μ は，

$$\mu = \sin^{-1} \frac{a}{u} = \sin^{-1} \frac{1}{M} \tag{11.14}$$

であり，これを**マッハ角**（Mach angle）という．

例題 ▣ 11.3
毎秒 300 m で航空機が飛んでいるとする．そのときのマッハ数を求めよ．ただし，気温は $-5\,°\text{C}$，また，気体定数は $R = 287\,\text{J}/(\text{kg} \cdot \text{K})$，比熱比は $\gamma = 1.40$ である．

▷ **解** 式 (11.7) と (11.13) より，マッハ数はつぎのようになる．
$$M = \frac{u}{a} = \frac{u}{\sqrt{\gamma RT}} = \frac{300}{\sqrt{1.40 \times 287 \times (273-5)}} = \frac{300}{328.1} = 0.914$$

流れをマッハ数 M で分類すると，$M<1$ の流れは**亜音速流**（subsonic flow），$M \leq 1$，$M>1$ が混在する流れは**遷音速流**（transonic flow），$M>1$ の流れは**超音速流**（supersonic flow）という．さらに，$M>5$ のときは**極超音速流**（hypersonic flow）という．

11.3 圧縮性流体の熱力学

本節では，圧縮性流体の力学を学ぶために，前段階として，まず熱力学の基礎を学ぶ．

11.3.1 ■ 状態方程式

圧力 p，絶対温度 T，密度 ρ などの任意の三つの状態量の間には，一つの関数関係があり，**状態方程式**（equation of state）として表される．完全気体または理想気体の状態方程式として，圧力 p，絶対温度 T，密度 ρ，比体積 v の間に，

$$p = \rho RT = \frac{RT}{v} \tag{11.15}$$

が成り立つ．ここで，R は気体定数であり，気体の種類によって異なる．この式は実在の気体にも完全気体からのずれが小さいので，よく使用される．

11.3.2 ■ 熱力学の第1法則

機械的仕事は熱に変わり，逆に熱は機械的仕事に変わる．熱は仕事の一種である．これを**熱力学の第1法則**という．いま，ある気体系に dQ なる微小熱量が与えられ，その一部は外部仕事 dW として使われ，残りは内部エネルギー dE として物体内部に蓄えられる．外部仕事 dW は，外圧 p に抗してその体積 V が dV だけ増加する仕事であり，$dW = pdV$ で表されるから，

$$dQ = dE + dW = dE + pdV \tag{11.16}$$

となる．ここで，E は**内部エネルギー**（internal energy）という．単位質量の気体に対しては，

$$dq = de + pdv \tag{11.17}$$

となり，小文字で定義することにする．

11.3.3 ■ エンタルピー

　物体のもつエネルギーは，内部エネルギーと外部エネルギーとの和である．内部エネルギーは流体のもつ熱エネルギーのことで，物体分子のもっている運動エネルギーの総和である．この内部エネルギーは，物体の基本的な三つの状態量，すなわち，圧力，密度，温度のいずれか二つの関数になるが，この関数形は個々の気体によって異なる．一方，外部エネルギーとは，物体がその体積 v を保つために圧力 p を押しのけていることによるエネルギーで，pv となる．したがって，単位質量の物体のもつ全熱エネルギーを h，内部エネルギーを e とすれば

$$h = e + pv \tag{11.18}$$

となる．この h を**エンタルピー**（enthalpy）という．

11.3.4 ■ 比熱

　単位質量の物体の温度を dT だけ高めるのに必要な熱量を dq とすれば，

$$c = \frac{dq}{dT} \tag{11.19}$$

の関係が成り立つ．ここで，比例定数 c は**比熱**（specific heat）という．固体や液体の比熱は熱の加え方によってほとんど変化しないが，気体の比熱は熱の加え方によって異なる．気体の場合，つぎに示す**定積比熱**（specific heat at constant volume）c_v と**定圧比熱**（specific heat at constant pressure）c_p が使われる．

$$c_v = \left(\frac{\partial q}{\partial T}\right)_v, \quad c_p = \left(\frac{\partial q}{\partial T}\right)_p \tag{11.20}$$

完全気体の場合は，内部エネルギー e もエンタルピー h も温度 T の関数であり，

$$de = c_v dT, \quad dh = c_p dT \tag{11.21}$$

である．完全気体の両比熱は，その気体の気体定数 R と気体を構成している分子運動の自由度の関数として与えられ，一定であるので，

$$e = c_v T, \quad h = c_p T \tag{11.22}$$

である．また，気体定数 R は，状態方程式から $pv = RT$ であり，式 (11.18), (11.22) より，

$$R = c_{\mathrm{p}} - c_{\mathrm{v}} \tag{11.23}$$

となる．比熱比 γ は次式で定義される．

$$\gamma = \frac{c_{\mathrm{p}}}{c_{\mathrm{v}}} \tag{11.24}$$

11.3.5 ■ 熱力学の第 2 法則

単位質量の気体が準静的変化である可逆的熱過程において，外部から加えられる熱量を $\mathrm{d}q$，そのときの絶対温度を T とするとき，エントロピー（entropy）S は，

$$\mathrm{d}S = \frac{\mathrm{d}q}{T} \tag{11.25}$$

で定義される．これを**熱力学の第 2 法則**という．断熱可逆変化のときは $\mathrm{d}S = 0$ であるから，S は一定で変化しない．したがって，これを**等エントロピー変化**という．式 (11.25) の $\mathrm{d}q$ に式 (11.17) の関係を用い，さらに $\mathrm{d}e$ に式 $(11.21)_1$ を用いて，これに完全流体の状態方程式の関係式 (11.15) を適用すると，

$$\mathrm{d}S = \frac{c_{\mathrm{v}}\mathrm{d}T + (RT/v)\,\mathrm{d}v}{T} = c_{\mathrm{v}}\frac{\mathrm{d}T}{T} + R\frac{\mathrm{d}v}{v} \tag{11.26}$$

となる．これを積分すると，S は T および v などで表現できる．ある状態から別のある状態への変化が等エントロピー変化であるとき，S は変化しないので，T と v だけの関係式などになる．比体積 v の代わりに逆数の関係にある密度 ρ を使って状態方程式の関係を用いると，完全気体の三つの状態量の圧力 p，絶対温度 T，密度 ρ のいずれか二つの間には，つぎの関係式が得られる．

$$\frac{p}{T^{\frac{\gamma}{\gamma-1}}} = \mathrm{const.}, \quad \frac{p}{\rho^{\gamma}} = \mathrm{const.} \tag{11.27}$$

11.4 ⊞ 圧縮性流体の 1 次元流れ

本節では，簡単化のため，1 次元流れについての圧縮性流体の力学を考えよう．

11.4.1 ■ 基礎式

以下の基礎式が圧縮性流体に適用できる．

(1) 連続の式 図 11.3 に示すように，1 次元の定常流れを考え，図に示す検査体積

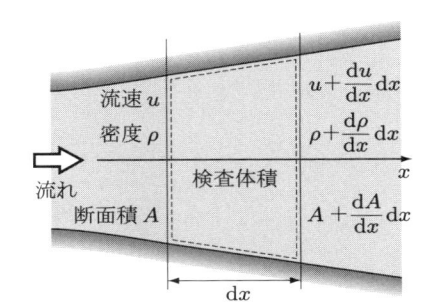

図 11.3 1 次元圧縮性流れの検査体積

を考える．流れ方向を x 座標とし，断面積を A，流速を u，密度を ρ とすると，連続の式は高次の微小項を省略して，

$$\begin{aligned} \rho u A &= \left(\rho + \frac{\mathrm{d}\rho}{\mathrm{d}x}\mathrm{d}x\right)\left(u + \frac{\mathrm{d}u}{\mathrm{d}x}\mathrm{d}x\right)\left(A + \frac{\mathrm{d}A}{\mathrm{d}x}\mathrm{d}x\right) \\ &= \rho u A + \rho A \mathrm{d}u + u A \mathrm{d}\rho + \rho u \mathrm{d}A \end{aligned} \tag{11.28}$$

となる．よって

$$\frac{\mathrm{d}u}{u} + \frac{\mathrm{d}\rho}{\rho} + \frac{\mathrm{d}A}{A} = 0 \tag{11.29}$$

となる．これは連続の式であるが，**連続の式の微分形**という．

(2) **運動方程式**　高速気流を扱う気体力学では，重力項などの体積力項は無視することができるので，1 次元，定常，非粘性流れの運動方程式は，第 4 章で導いたオイラーの運動方程式 (4.22) より，

$$u\frac{\mathrm{d}u}{\mathrm{d}x} + \frac{1}{\rho}\frac{\mathrm{d}p}{\mathrm{d}x} = 0 \tag{11.30}$$

となる．積分すると，

$$\frac{u^2}{2} + \int \frac{\mathrm{d}p}{\rho} = 0 \tag{11.31}$$

となる．この式は定常な圧縮性流体の流れに対する**ベルヌーイの式**である．

(3) **運動量の式**　流れを解析するとき，前項の運動方程式より運動量の式を用いた

（a）運動量　　　　　　　　　　　（b）エネルギー

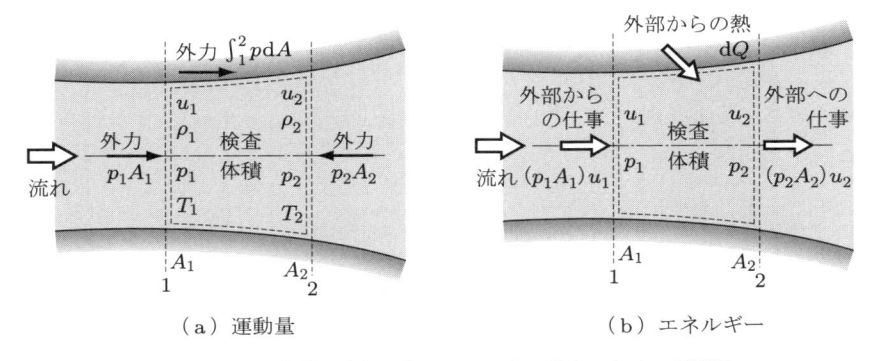

図 11.4 運動量の式とエネルギーの式の導出のための説明図

ほうが容易になることがある．ニュートンの第 2 法則より，物体に作用する力は，物体の運動量の時間的変化に等しいことを，図 11.4(a) の流体系に適用する．第 4 章で説明したように，式 (4.36) より，

$$p_1 A_1 - p_2 A_2 + \int_1^2 p\,\mathrm{d}A = (\rho_2 A_2 u_2) u_2 - (\rho_1 A_1 u_1) u_1 \tag{11.32}$$

である．添え字 1, 2 は検査面の位置を示す．非粘性流れで，断面積が一定の場合は次式となる．

$$p_1 + \rho_1 u_1^2 = p_2 + \rho_2 u_2^2 \tag{11.33}$$

(4) エネルギーの式　　図 11.4(b) に示す検査体積において，微小時間の間に流路の外部から加えられる熱量を $\mathrm{d}Q$ とする．この間に，気体系が 1 の断面で上流の気体による外部からなされる仕事は $(p_1 A_1) u_1$ であり，2 の断面で気体系が外部になす仕事は $(p_2 A_2) u_2$ であるから，検査体積内の気体系が外部になす仕事 $\mathrm{d}W$ は，

$$\mathrm{d}W = (p_2 A_2) u_2 - (p_1 A_1) u_1 = m\left(\frac{p_2}{\rho_2} - \frac{p_1}{\rho_1}\right) = m(p_2 v_2 - p_1 v_1) \tag{11.34}$$

である．ここに，m は質量流量で $m = \rho_1 u_1 A_1 = \rho_2 u_2 A_2$ であり，比体積は $v = 1/\rho$ である．一方，微小時間内の気体が内部にもつエネルギーの変化 $\mathrm{d}E$ は，運動エネルギー，位置エネルギーおよび熱的内部エネルギーの変化と考えると，

$$\mathrm{d}E = m\left[\left(\frac{1}{2}u_2^2 + gz_2 + e_2\right) - \left(\frac{1}{2}u_1^2 + gz_1 + e_1\right)\right] \tag{11.35}$$

となる．11.3.2 項で述べたように，熱力学の第 1 法則 $\mathrm{d}Q = \mathrm{d}E + \mathrm{d}W$ より，

$$dq = \left(\frac{1}{2}u_2^2 + gz_2 + e_2 + p_2v_2\right) - \left(\frac{1}{2}u_1^2 + gz_1 + e_1 + p_1v_1\right) \tag{11.36}$$

となる．ここで，$dq = dQ/m$ であり，**断熱流れ**（adiabatic flow），すなわち $dq = 0$ のとき，

$$\frac{1}{2}u_2^2 + gz_2 + e_2 + p_2v_2 = \frac{1}{2}u_1^2 + gz_1 + e_1 + p_1v_1 \tag{11.37}$$

となる．高速気体の場合，位置エネルギー gz の変化は，運動エネルギーの変化に比べて無視できるので，式 (11.37) は前述したエンタルピーに関する $h = e + pv$ の関係を用いると，

$$\frac{1}{2}u_2^2 + h_2 = \frac{1}{2}u_1^2 + h_1 \tag{11.38}$$

となる．これを**エネルギーの式**（equation of energy）という．

　流れ場中に物体が置かれ，その一部によどみが形成されたとき，任意の点とよどみ点との間に次式の関係が成り立つ．

$$\frac{1}{2}u^2 + h = h_0 = c_p T_0 = \text{const.} \tag{11.39}$$

ここで，h_0 は**よどみ点エンタルピー**（stagnation enthalpy）という．T_0 はよどみ点**温度**（stagnation temperature），または**全温度**（total temperature）という．また，そのときの圧力を**よどみ点圧力**（stagnation pressure）という．

11.4.2 ■ 1 次元等エントロピー流れ

　流路内の流れで，粘性の影響が無視でき，また，後述する衝撃波が発生しない限り，気体の流れは等エントロピーの流れと考えることができる．

　いま，気体が静止状態の T_0, p_0, ρ_0 から運動を開始し，等エントロピー的に変化，すなわち断熱変化して T, p, ρ の状態になるとすると，式 (11.27) よりつぎの関係がある．

$$\frac{\rho}{\rho_0} = \left(\frac{p}{p_0}\right)^{\frac{1}{\gamma}} = \left(\frac{T}{T_0}\right)^{\frac{1}{\gamma-1}} \tag{11.40}$$

定常な等エントロピー流れでは，式 (11.30) で述べたように，1 次元流れでは，

$$u\frac{du}{dx} = -\frac{1}{\rho}\frac{dp}{dx} \tag{11.41}$$

である．上式を全微分の形に書きあらため，式 (11.5) を用いると

$$u\mathrm{d}u = -\frac{\mathrm{d}p}{\rho} = -\frac{\mathrm{d}\rho}{\rho}\frac{\mathrm{d}p}{\mathrm{d}\rho} = -a^2\frac{\mathrm{d}\rho}{\rho} \tag{11.42}$$

となる．したがって，

$$\frac{\mathrm{d}u}{u} = -\left(\frac{a}{u}\right)^2\frac{\mathrm{d}\rho}{\rho} = -\frac{1}{M^2}\frac{\mathrm{d}\rho}{\rho} \tag{11.43}$$

を得る．式 (11.43) を前節の連続の式 (11.29) に代入すると，

$$\left(1 - \frac{1}{M^2}\right)\frac{\mathrm{d}\rho}{\rho} + \frac{\mathrm{d}A}{A} = 0 \tag{11.44}$$

となる．同様に

$$\left(1 - M^2\right)\frac{\mathrm{d}u}{u} + \frac{\mathrm{d}A}{A} = 0, \quad \frac{M^2 - 1}{\gamma M^2}\frac{\mathrm{d}p}{p} + \frac{\mathrm{d}A}{A} = 0 \tag{11.45}$$

が得られる．これらの関係式から断面積の変化と速度，圧力，密度の関係を図示すると図 11.5 になる．

　流れの方向に断面積が減少して $\mathrm{d}A < 0$ となる管路部分を，**ノズル**（nozzle）という．逆に，断面積が増大して $\mathrm{d}A > 0$ となる管路部分を，**ディフューザ**（diffusor）という．また，図 11.6 に示すように，ノズルからディフューザに移る最小断面積のところを**スロート**（throat）といい，$\mathrm{d}A = 0$ である．図 11.5 では，亜音速のときは，ノズルで**膨張・増速**が起こり，ディフューザで**圧縮・減速**が起こる．一方，超音速のときは逆にノズルで**圧縮・減速**が起こり，ディフューザで**膨張・増速**が起こり，亜音速の場合と逆の現象になる．

　式 (11.44) において，$M = 1$ のときは $\mathrm{d}A = 0$ でなければならないから，ノズルやディフューザの中では $M = 1$ に，すなわち速度が音速になることはできない．スロー

（a）ノズル　　　　　　　　　　　　（b）ディフューザ

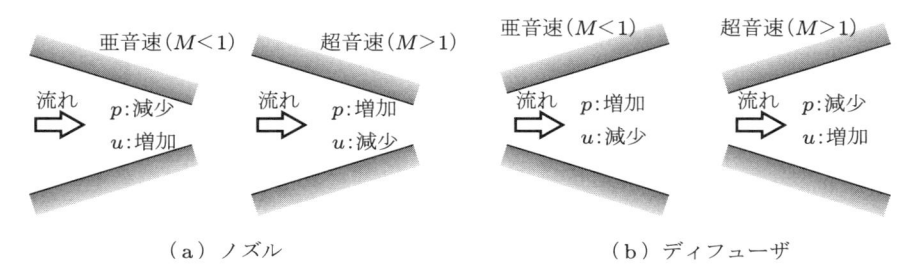

図 11.5 亜音速流と超音速流の性質の違い

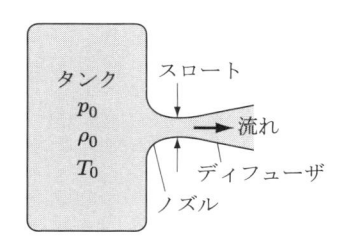

図 11.6 タンクからの気体の噴出

トでは $dA = 0$ であるから，$M = 1$ にすなわち音速になることができる．スロートで $M \neq 1$ のときは $d\rho = 0, dp = 0$ となる．亜音速の $M < 1$ から超音速の $M > 1$ に流れを増速するには必ずスロートが必要であり，スロートで $M = 1$ になる．逆に，超音速から亜音速に減速するときもスロートが必要であるが，このときは衝撃波（11.5 節参照）が発生し，等エントロピー流れでなくなる．

例題■11.4

圧力 400 kPa，温度 40°C のタンク内の空気がノズルを通して外気に放出された．ノズルのスロート部でマッハ数が 1 になった．断熱変化をするとして，スロート部の温度，圧力，密度および流速を求めよ．ただし，気体定数は $R = 287 \, \text{J}/(\text{kg} \cdot \text{K})$ とする．

▷ **解** 式 (11.23) と (11.24) より，

$$c_p = \frac{\gamma R}{\gamma - 1}$$

となる．このため，断熱変化するときの式 (11.39) は式 (11.22)$_2$ を用いて，

$$\frac{1}{2}u^2 + h = \frac{1}{2}u^2 + c_p T = \frac{1}{2}u^2 + \frac{\gamma RT}{\gamma - 1} = \text{const.}$$

となる．上式に $u = 0$ としたときのよどみ点温度 T_0 を導入すると，

$$T + \frac{1}{R}\frac{\gamma - 1}{\gamma}\frac{u^2}{2} = T_0$$

となる．これに，マッハ数 $M = u/a = u/\sqrt{\gamma RT}$ の関係を用いて，上式の流速 u をマッハ数 M で置き換え，$M = 1$ を代入するとスロート部の温度は，

$$T = \frac{T_0}{1 + \dfrac{\gamma - 1}{2}M^2} = \frac{273 + 40}{1 + \dfrac{1.40 - 1}{2} \times 1^2} = \frac{313}{1.20} = 261 \, \text{K} = -12 \, °\text{C}$$

となる．また，断熱変化では式 (11.40) の関係より，スロート部の圧力と密度は，

$$p = \frac{p_0}{\left(1 + \dfrac{\gamma-1}{2} M^2\right)^{\frac{\gamma}{\gamma-1}}} = \frac{400}{\left(1 + \dfrac{1.40-1}{2} \times 1^2\right)^{\frac{1.40}{1.40-1}}} = \frac{400}{1.2^{3.5}}$$

$$= \frac{400}{1.90} = 211\,\text{kPa}$$

$$\rho = \frac{\rho_0}{\left(1 + \dfrac{\gamma-1}{2} M^2\right)^{\frac{1}{\gamma-1}}} = \frac{p_0/RT_0}{1.2^{2.5}} = \frac{400 \times 10^3}{287 \times 313 \times 1.58}\,\frac{\text{Pa}}{\text{J/kg}}$$

$$= \frac{4}{1.42}\,\frac{\text{N/m}^2}{\text{Nm/kg}} = 2.82\,\text{kg/m}^3$$

となる．また，スロート部の流速はつぎのようになる．

$$u = Ma = M\sqrt{\gamma RT} = 1 \times \sqrt{1.40 \times 287 \times 261} = 323.8 \fallingdotseq 324\,\text{m/s}$$

11.4.3 ■ 先細ノズルの流れ

図 11.7 に示す先細ノズルは，ノズルの出口端がスロート状になっており，$dA = 0$ である．容器に貯えられている圧力 p_0 の気体が，先細ノズルの中で膨張・増速し，出口端速度 u_e となって外部に噴出する．出口端圧力 p_e は周囲の外気圧力，すなわち**背圧**（back pressure）p_b に支配される．非圧縮性流体なら $p_e = p_b$ であるが，圧縮性流体では出口端のスロートで音速になり，そのときの流れは**臨界状態**（critical state）に達したことになる．このときの圧力は**臨界圧力**（critical pressure）であり，p^* で表すと，出口端圧力は，$p_e = p^*$ となる．

スロートが臨界状態に達すると，背圧がどのように変化してもスロートの上流側の流れは影響を受けない．これはスロートの位置の流速がその位置の音速に等しくなり，

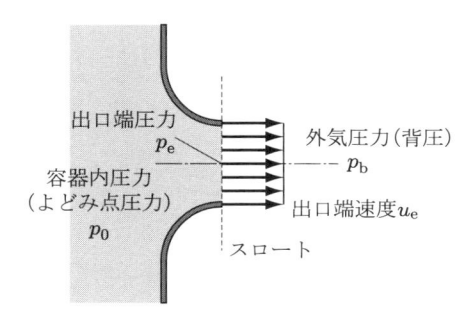

図 **11.7**　先細ノズル内の流れ

前方へさかのぼれなくなるからである．このように，スロートが臨界状態に達することを**閉塞**（choke）という．$p_b < p^*$ のときは，圧力 p^* で噴出した気体は噴出後外気中でさらに背圧 p_b まで膨張して超音速に達する．このようにノズル出口端で背圧まで膨張しきれない場合を，**不足膨張**（under expansion）という．

11.4.4 ■ ラバルノズルの流れ

流れを低速から超音速まで連続的に加速するためには，図 11.8 に示すようなノズルとディフューザを組み合わせた管路を使用しなければならない．これはスウェーデンの技術者であるド・ラバル（De Laval）が発明したので，**ラバルノズル**（Laval nozzle）という．

図に示したように，上流の容器内のよどみ点圧力 p_0 を一定とし，下流側の背圧 p_b をバルブにより調整可能とする．背圧 p_b をよどみ点圧力 p_0 よりわずかに下げると，圧力差によりラバルノズル内に流れが生じ，ラバルノズル内の圧力分布は曲線①になる．背圧 p_b をさらに少し下げると圧力分布は曲線②になる．①，②の場合ラバルノズル内はすべて亜音速流である．背圧 p_b をかなり下げると，スロートの位置で圧力が臨界圧力 p^* となる曲線③になる．この場合，スロートで**音速の流れ**に達するが，ディフューザ部で圧縮・減速して再び亜音速流になる．さらに背圧 p_b を下げると，圧力分布は曲線④になり，スロートで**臨界状態**に達した流れは，ディフューザ部で圧力が低下して膨張・増速し超音速流になる．しかし，背圧 p_b は十分に低くないため，超音速のままでは噴出できず，ディフューザ部の途中で衝撃波（11.5 節参照）が発生して，

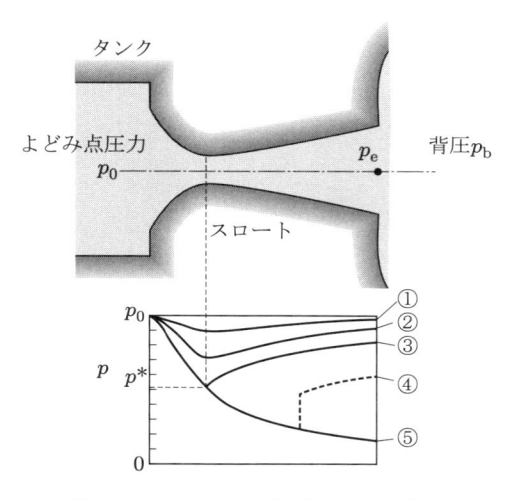

図 11.8 ラバルノズル内の流れと背圧

圧力が急上昇し亜音速流になる．曲線⑤の位置まで背圧 p_b を下げると，衝撃波の発生位置は後方に移動し，ついには曲線⑤のようにディフューザ部の全域で超音速流になり，膨張・増速が出口端まで行われる．背圧 p_b が曲線⑤よりさらに低い場合には，曲線⑤の右端の出口端圧力 p_e でノズルより噴出した後，下流の外気中でさらに背圧 p_b まで超音速流れとして膨張する．このとき，膨張波（11.5.1 項参照）が発生する．ノズル出口直後に衝撃波，膨張波が発生する場合をそれぞれ**過膨張**（over expansion），**不足膨張**という．衝撃波も膨張波も発生しない場合を**適正膨張**（correct expansion）という．

11.5 衝 撃 波

本節では，圧縮性流体が示す衝撃波の現象について学ぼう．

11.5.1 ■衝撃波の性質

衝撃波は，ラバルノズルのような管内の流れ，超音速中に置かれた物体のまわりの流れ，超音速で移動する乗り物のまわりの流れや流体中での爆発現象などにおいて発生する．一般に，圧力変動が流体中を伝播する場合，圧力波面が通過するとともに急激に圧力が増加する圧力波を**圧縮波**といい，逆に急激に圧力が低下する圧力波を**膨張波**という．

圧縮波は，形成される圧力波面の最初の先行している波面の立上りに相当する部分よりも，遅れて形成される後方の波面の頂きに相当する部分のほうが温度が高くなり，圧力波近傍の局所音速は大きくなる．したがって，後方の波面が先行している波面に近づき，重なるようになり，その圧力値が大きくなって圧力波前後の不連続面が急峻になる．この不連続面を**衝撃波**（shock wave）という．

一方，膨張波は圧力の低下により温度が下がり，先行する波面の温度より後方の波面温度のほうが低くなり，局所音速は小さくなる．したがって，膨張波は圧力波面の重なりはなく，進行するに従ってなだらかになる．

衝撃波の厚さは非常に薄く，$\mu m = 10^{-3}$ mm のオーダである．衝撃波の前後で，流体の圧力，温度，密度は不連続的に急激に上昇する．一方，流体の速度は不連続的に減少する．また，衝撃波の伝播する速度はその流体の音速以上である．図 11.9 は，翼型まわりの遷音速流中で発生した衝撃波を可視化した例である．翼型に対してほぼ垂直な線が衝撃波である．

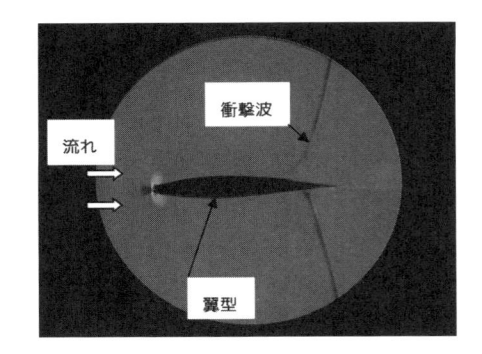

図 11.9 翼型まわりの遷音速流中で発生した衝撃波をシュリーレン法により可視化した例
(流れの可視化学会編:新版 流れの可視化ハンドブック,朝倉書店,1986.)

11.5.2 ■ 衝撃波の関係式

図 11.10 に示すように,一様流の中に,流れに垂直な衝撃波があるとき,これを**垂直衝撃波**(normal shock wave)という.この図において,気体は完全気体とし,流れの速度を u,圧力を p,密度を ρ,温度を T として,添え字 1, 2 によって衝撃波の上流側と下流側を表す.破線は単位面積の検査体積を示す.

いま,検査体積に出入りする気体について,連続の式は

$$\rho_1 u_1 = \rho_2 u_2 \tag{11.46}$$

となる.運動量の式は,衝撃波面は非常に薄いので,壁面摩擦を無視すると,

$$(\rho_2 u_2) u_2 - (\rho_1 u_1) u_1 = p_1 - p_2 \tag{11.47}$$

となり,変形すると

$$\rho_1 u_1^2 + p_1 = \rho_2 u_2^2 + p_2 \tag{11.48}$$

となる.エネルギーの式は,衝撃波面を通過する気体は,衝撃波面は非常に薄いので,

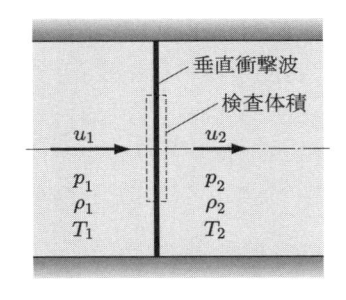

図 11.10 垂直衝撃波

外部からの熱伝達はないと考えられる．このため，断熱流れに対して気体の全エンタルピー（total enthalpy）は一定になるので，

$$\frac{1}{2}u_1^2 + h_1 = \frac{1}{2}u_2^2 + h_2 = h_0 \tag{11.49}$$

となる．ここで，h_0 はよどみ点エンタルピーである．比熱が一定の完全気体とすると，エンタルピーは $h = c_\mathrm{p}T = \dfrac{\gamma R}{\gamma - 1} \cdot \dfrac{p}{\rho R}$ で表されるから，式 (11.49) は

$$\frac{1}{2}u_1^2 + \frac{\gamma}{\gamma-1}\frac{p_1}{\rho_1} = \frac{1}{2}u_2^2 + \frac{\gamma}{\gamma-1}\frac{p_2}{\rho_2} = \frac{\gamma}{\gamma-1}\frac{p_0}{\rho_0} \tag{11.50}$$

となる．一方，連続の式 (11.46)，および運動量の式 (11.48) から

$$u_1^2 = \frac{\rho_2}{\rho_1}\frac{p_2 - p_1}{\rho_2 - \rho_1}, \quad u_2^2 = \frac{\rho_1}{\rho_2}\frac{p_2 - p_1}{\rho_2 - \rho_1} \tag{11.51}$$

が得られ，この式の前の式から後の式を引くと

$$u_1^2 - u_2^2 = (p_2 - p_1)\left(\frac{1}{\rho_1} + \frac{1}{\rho_2}\right) \tag{11.52}$$

となる．式 (11.50) と (11.52) より $u_1^2 - u_2^2$ を消去すると

$$\frac{p_2}{p_1} = \frac{(\gamma+1)(\rho_2/\rho_1) - (\gamma-1)}{\gamma+1 - (\gamma-1)(\rho_2/\rho_1)} \tag{11.53}$$

または

$$\frac{\rho_2}{\rho_1} = \frac{(\gamma+1)(p_2/p_1) + \gamma - 1}{\gamma+1 + (\gamma-1)(p_2/p_1)} = \frac{u_1}{u_2} \tag{11.54}$$

が得られる．この式は衝撃波前後の密度比と圧力比の関係を表す式で，**ランキン－ウゴニオの関係**（Rankine-Hugoniot relation）という．衝撃波の圧力上昇，すなわち圧力比 p_2/p_1 が大きくなると，密度比 ρ_2/ρ_1 または速度比 u_1/u_2 は一定値 $(\gamma+1)/(\gamma-1) \fallingdotseq 6$ に収束する．

ここでは，垂直衝撃波を取り扱ったが，一般に衝撃波は必ずしも流れと直交せず，場合によっては流れの方向に対して傾いている．このような衝撃波を**斜め衝撃波**（oblique shock）という．斜め衝撃波の関係式は，垂直衝撃波の関係式を用いて与えられるが，流れの速度の方向と衝撃波のなす角度の補正をする必要がある．

また，これまで気体の粘性を無視して衝撃波について述べてきたが，粘性により壁面境界層が存在する管などの流路内の衝撃波は，壁面境界層と干渉する．衝撃波は壁

面近くで分岐する．干渉が激しいと第2，第3などの多数の衝撃波が引き続き現れる．この多数の衝撃波を**擬似衝撃波**（pseudo-shock wave）という．

演習問題

[11.1] 亜音速流と超音速流とで，どのような物理的な相違があるか．

[11.2] 圧縮性流体における閉塞の現象について説明せよ．

[11.3] タンク内の高圧ガスがノズルを通して大気中に放出されるとき，出口の速度は 200 m/s であった．このときエンタルピーはいくら低下するか．

演習問題略解

第 2 章

[2.1] 本文の 2.4 節を参照のこと.
[2.2] 本文の 2.4 節を参照のこと.
[2.3] 本文の 2.6 節を参照のこと.

第 3 章

[3.1] 静止流体中で鉛直方向に微小流体柱を考える.この円柱の断面積を dA とし,高さを dy とするとき,下面に圧力 p が上向きに働き,上面には $p + (dp/dy)dy$ が働く.一方,円柱には重力が作用し,流体の密度を ρ とするとき,次式のつり合い式が成り立つ.

$$p dA - \left(p + \frac{dp}{dy}dy\right)dA - \rho g\, dy\, dA = 0$$

よって,

$$\frac{dp}{dy} = -\rho g$$

となり,これを積分すると,

$$p = -\rho g y + C$$

となる.ここで,C は積分定数であり,x–y 座標系の原点の取り方によって決まる.

[3.2] 本文の 3.4 節を参照のこと.浮体が傾けば浮心は移動する.これに作用する浮力と浮体に作用する重力とによるモーメントが元に戻す復元力にならないときは,浮体は不安定になり,転覆する.

[3.3] 求める絶対圧力は,つぎのようになる.

$$\begin{aligned}p &= \rho g h + p_0 = 1025 \times 9.807 \times 6000 + 101.3 \times 10^3\,\text{Pa} \\ &= 60313 \times 10^3 + 101.3 \times 10^3\,\text{Pa} = 60414\,\text{kPa} = 60.4\,\text{MPa}\end{aligned}$$

[3.4] 図 3.10 に示す円柱座標系において,鉛直方向に z 軸,半径方向に r 軸をとる.液面の半径 r の点 P に作用する遠心加速度は $r\omega^2$ であり,重力加速度は g である.これらの加速度のベクトル和 $\boldsymbol{R}$ として液面に加速度が作用する.いま,液面の z 方向の座標を $Z_{\text{fs}}(r)$ とすると,力の向きになる $\boldsymbol{R}$ と直交するので,

$$\frac{dZ_{\text{fs}}(r)}{dr} = \tan\theta = \frac{r\omega^2}{g}$$

となる．上式を積分すると，

$$Z_{\text{fs}}(r) = \frac{r^2\omega^2}{2g} + C$$

となる．ここで，C は積分定数であり，$r=0$ で $Z_{\text{fs}}(r) = Z_0$ とすると，

$$Z_{\text{fs}}(r) = Z_0 + \frac{(r\omega)^2}{2g}$$

となり，周速を u とすると，上式の右辺の第2項は $u = r\omega$ と置き換えられる．このように液面の形は，静止回転放物面である．

第4章

[4.1] 本文の 4.3 節を参照のこと．
[4.2] 本文の 4.4 節を参照のこと．
[4.3] 本文の 4.7 節を参照のこと．
[4.4] 流線の式 $dx/u = dy/v$ より，$dx/Ax = dy/(-Ay)$ となり，

$$\frac{dx}{x} = -\frac{dy}{y}$$

となる．これを積分すると，

$$\log x = -\log y + \log C$$

が得られ，$xy = C$ となる．この関係式は直角双曲線であり，流線は直角のコーナーをまわる流れを示す．

[4.5] 伸縮変形の運動，せん断変形の運動，回転運動
[4.6] 室温 20℃ の空気の密度は $\rho = 1.204\,\text{kg/m}^3$，水の密度は $\rho_{\text{L}} = 0.9982 \times 10^3\,\text{kg/m}^3$ であるから，例題 4.5 で示した関係式より，マノメータの液柱差の読み h と空気の流速 V_1 の関係は，重力加速度を $g = 9.807\,\text{m/s}^2$ とすると，つぎのようになる．

$$h = \frac{V_1^2}{2g} \cdot \frac{\rho}{\rho_{\text{L}}} = \frac{20^2}{2 \times 9.807} \times \frac{1.204}{0.9982 \times 10^3} = 24.60 \times 10^{-3}\,\text{m} = 24.60\,\text{mm}$$

[4.7] 図 4.22 に示す 90° 曲がり管の入口部の断面を 1，それから 90° 曲がった位置の断面を 2 とする．入口部は y 軸方向，出口部は x 軸方向とする．これらに式 (4.38) の運動量の法則を適用する．向きを図に示す x, y 方向を正にとる．入口部の流速は，

$$u_{1x} = 0, \quad u_{1y} = \frac{Q}{A} = \frac{Q}{\pi d^2/4} = \frac{5/60}{\pi \times 0.2^2/4} = 2.653 \doteqdot 2.65\,\text{m/s}$$

出口部の流速は，

$$u_{2x} = u_{1y} = 2.65\,\text{m/s}, \quad u_{2y} = 0$$

となる．x 軸方向の運動量の式は，

$$F_x = \rho Q(u_{1x} - u_{2x}) + (p_1 A_1)_x - (p_2 A_2)_x$$

となる．$p = p_1 = p_2$，$A = A_1 = A_2$ であるから，$(p_1 A_1)_x = 0$，$(p_2 A_2)_x = pA$ となり，

$$F_x = -\rho Q u_{2x} - pA$$

となる．同様に，y 軸方向は，$(p_1 A_1)_y = pA$，$(p_2 A_2)_y = 0$ だから，

$$F_y = \rho Q u_{1y} + pA$$

となる．よって，F_x, F_y はつぎのようになる．

$$\begin{aligned}F_x &= -\rho Q u_{2x} - pA = -1000 \times \left(\frac{5}{60}\right) \times 2.653 - 1000 \times \frac{\pi \times 0.2^2}{4} \\ &= -221.1 - 31.42 = -252.5 = -253\,\text{N}\end{aligned}$$

$$\begin{aligned}F_y &= \rho Q u_{1y} + pA = 1000 \times \left(\frac{5}{60}\right) \times 2.653 + 1000 \times \frac{\pi \times 0.2^2}{4} \\ &= 221.1 + 31.42 = 253\,\text{N}\end{aligned}$$

曲がり管の受ける力は，作用・反作用の原理より

$$F = \sqrt{F_x^2 + F_y^2} = \sqrt{2 \times (252.5)^2} = 357\,\text{N}$$

となる．また，力の加わる方向 θ は，図に示す x 軸からつぎのようになる．

$$\theta = \tan^{-1}\left(\frac{F_y}{F_x}\right) = \tan^{-1}\left(\frac{253}{-253}\right) = \frac{3\pi}{4}\,\text{rad}$$

[4.8] 噴流は広がらずに流れるとき，噴流内の圧力は大気圧 p_0 と考えられる．ベルヌーイの式を適用すると，衝突前の流れ u_1 と衝突後の二つに分かれた流れ u_2, u_3 との間には，

$$p_0 + \frac{1}{2}\rho u_1^2 = p_0 + \frac{1}{2}\rho u_2^2, \quad p_0 + \frac{1}{2}\rho u_1^2 = p_0 + \frac{1}{2}\rho u_3^2$$

が成り立つ．よって，つぎのようになる．

$$u_1 = u_2 = u_3$$

平板に沿った方向の運動量の法則を考えると，摩擦力，重力などの外力が作用しないので，

$$\rho Q_2 u_2 - \rho Q_3 u_3 - \rho Q_1 u_1 \cos\theta = 0$$

となる．整理すると，

$$Q_2 - Q_3 = Q_1 \cos\theta$$

となり，また連続の式より，

$$Q_2 + Q_3 = Q_1$$

となる．これらより，つぎのようになる．

$$Q_2 = \left(\frac{1 + \cos\theta}{2}\right) Q_1, \quad Q_3 = \left(\frac{1 - \cos\theta}{2}\right) Q_1$$

第 5 章

[5.1] 流体粒子の回転運動を示し，回転速度の 2 倍の値で定義される．

[5.2] 本文の 5.3 節を参照のこと．

[5.3] 本文の 5.6 節および 6.7 節を参照のこと．

[5.4] 円柱の周方向速度は，$V_\theta = \pi dN/60 = \pi \times 0.1 \times 360/60 = 1.885\,\mathrm{m/s}$ であり，円柱まわりの循環 Γ は，本文の式 (5.6) の関係より，

$$\Gamma = \pi d V_\theta = \pi \times 0.1 \times 1.885 = 0.592\,\mathrm{m^2/s}$$

となり，揚力 L は本文の式 (5.92) より，つぎのようになる．

$$L = \rho U \Gamma = 1.204 \times 20 \times 0.5922 = 14.3\,\mathrm{N/m}$$

[5.5] 式 (5.83) の速度ポテンシャル ϕ と流れ関数 ψ を使って，速度成分を極座標表現すると，半径，円周方向の速度成分は

$$v_r = \frac{\partial \phi}{\partial r} = \frac{\partial \psi}{r \partial \theta} = U\left(1 - \frac{R^2}{r^2}\right)\cos\theta$$

$$v_\theta = \frac{1}{r}\frac{\partial \phi}{\partial \theta} = -\frac{\partial \psi}{\partial r} = -U\left(1 + \frac{R^2}{r^2}\right)\sin\theta - \frac{\Gamma}{2\pi r}$$

となる．円柱上の速度成分は，$r = R$, $\mu = UR^2$ の関係を使うと，

$$(v_r)_{r=R} = 0, \quad (v_\theta)_{r=R} = -2U\sin\theta - \frac{\Gamma}{2\pi R}$$

となり，半径方向の速度は全円周上でゼロであり，円周方向の速度もゼロになるよどみ点は，$(v_\theta)_{r=R} = 0$ が満足されなければならない．すなわち，次式の関係がある．

$$\sin\theta = -\frac{\Gamma}{4\pi RU}$$

円柱表面上の圧力分布は，円柱から十分離れた点の速度 U, 圧力 p_∞, 円柱上の速度 $(v_\theta)_{r=R}$, 圧力 p とすると，ベルヌーイの定理により，

$$\frac{p_\infty}{\rho} + \frac{U^2}{2} = \frac{p}{\rho} + \frac{(v_\theta)^2_{r=R}}{2}$$

となり，上式に $(v_\theta)_{r=R}$ の値を代入すると，

$$p - p_\infty = \frac{\rho U^2}{2}\left[1 - 4\left(\sin\theta + \frac{\Gamma}{4\pi RU}\right)^2\right]$$

が得られる．これは $x\text{-}y$ 直角直交座標表現で得られた式と同じである．以下，抗力，揚力の求める式も同じである．

第 6 章

[6.1] 本文の 6.1 節を参照のこと．

[6.2] 本文の 6.4 節を参照のこと．

[6.3] 本文の 6.6 節，6.7 節および 9.5 節を参照のこと．

[6.4] 実物（prototype）と模型（model）のレイノルズ数を等しくするためには，

$$\left(\frac{ud}{\nu}\right)_\mathrm{p} = \left(\frac{ud}{\nu}\right)_\mathrm{m}$$

でなければならない．ここで，u は流速，d はスポイラーの代表寸法，ν は動粘度である．

空気の場合，$(\nu)_\mathrm{p} = (\nu)_\mathrm{m}$ であるから，

$$(u)_\mathrm{m} = (u)_\mathrm{p} \times \frac{(d)_\mathrm{p}}{(d)_\mathrm{m}} = \frac{120 \times 10^3}{3600} \times \frac{1}{0.2} = 166.7\,\mathrm{m/s} = 167\,\mathrm{m/s}$$

となり，水の場合はつぎのようになる．

$$(u)_\mathrm{m} = (u)_\mathrm{p} \times \frac{(d)_\mathrm{p}}{(d)_\mathrm{m}} \cdot \frac{(\nu)_\mathrm{m}}{(\nu)_\mathrm{p}} = 166.7 \times \frac{1.004 \times 10^{-6}}{1.502 \times 10^{-5}} = 11.1\,\mathrm{m/s}$$

[6.5] レイノルズ数は

$$Re = \frac{Ud}{\nu} = \frac{20 \times 0.1}{1.502 \times 10^{-5}} = 1.33 \times 10^5$$

となる．本文の図 6.9 より，抗力係数 C_D は 1.2 となる．抗力 D はつぎのようになる．

$$D = \frac{1}{2} C_\mathrm{D} \rho U^2 d = \frac{1}{2} \times 1.2 \times 1.204 \times 20^2 \times 0.1 = 28.9\,\mathrm{N/m}$$

[6.6] 板に作用する揚力 L は，

$$L = \frac{1}{2} C_\mathrm{L} \rho U^2 S = \frac{1}{2} \times 0.72 \times 1.204 \times 15^2 \times 1 \times 1.5 = 146.3\,\mathrm{N}$$

となり，同様に抗力 D は，

$$D = \frac{1}{2} C_\mathrm{D} \rho U^2 S = \frac{1}{2} \times 0.17 \times 1.204 \times 15^2 \times 1 \times 1.5 = 34.54\,\mathrm{N}$$

となる．よって，板に作用する合力 F は，つぎのようになる．

$$F = \sqrt{L^2 + D^2} = \sqrt{(146.3)^2 + (34.54)^2} = 150.3 = 150\,\mathrm{N}$$

その方向は，水平軸に対して

$$\theta = \tan^{-1}\left(\frac{146.3}{34.54}\right) = 76.72°$$

となり，板に作用する摩擦力 F_T は，板の接線方向であるから，

$$F_\mathrm{T} = F \cos(76.72 + 12) = 150.3 \times 0.02233 = 3.357 = 3.36\,\mathrm{N}$$

飛行に必要な動力 H [W] は，つぎのようになる．

$$H = D \times U\,[\mathrm{Nm/s}] = 34.54 \times 15\,\mathrm{J/s} = 518.1 = 518\,\mathrm{W}$$

第7章

[7.1] 本文の 7.4 節を参照のこと．

[7.2] レイノルズ応力．本文の 7.4 節および 8.6 節を参照のこと．

[7.3] 本文の 7.4.2 項および 9.7 節を参照のこと．管内壁の粗さが粘性底層の厚さより小さいときはなめらかな円管と同じ扱いができるが，大きいときは粗さの影響がでてくる．管の圧損を求める場合，この影響を含んだ管摩擦係数を採用しなければならない．

[7.4] レイノルズ数は，

$$Re = \frac{u_\mathrm{m} d}{\nu} = \frac{2.0 \times 0.4}{1.139 \times 10^{-6}} = 7.02 \times 10^5$$

となり，また，$\varepsilon = 0.3\,\mathrm{mm}$ の場合，相対粗度はつぎのようになる．

$$\frac{\varepsilon}{d} = \frac{0.3 \times 10^{-3}}{0.4} = 0.75 \times 10^{-3} = 0.00075$$

ムーディ線図において，$Re = 7.02 \times 10^5$, $\varepsilon/d = 0.00075$ より，$\lambda = 0.018$ が得られる．損失水頭は，ダルシー－ワイスバッハの式よりつぎのようになる．

$$\Delta h = \lambda \frac{l}{d} \frac{u_\mathrm{m}^2}{2g} = 0.018 \times \frac{100}{0.4} \times \frac{2^2}{2 \times 9.8} = 0.918\,\mathrm{m}$$

$\varepsilon = 1\,\mathrm{mm}$ の場合，$\varepsilon/d = 1.0 \times 10^{-3}/0.4 = 0.0025$ だから，$\lambda = 0.025$ となり，つぎのようになる．

$$\Delta h = \lambda \frac{l}{d} \frac{u_\mathrm{m}^2}{2g} = 0.025 \times \frac{100}{0.4} \times \frac{2^2}{2 \times 9.8} = 1.28\,\mathrm{m}$$

[7.5] レイノルズ数は，水の動粘度は室温 20°C で $\nu = 1.004 \times 10^{-6}\,\mathrm{m^2/s}$ であるから，

$$Re = \frac{ud}{\nu} = \frac{1.5 \times 0.05}{1.004 \times 10^{-6}} = 7.470 \times 10^4$$

となり，乱流である．また，ブラジウスの式も適用できることがわかる．式 (7.46) より，

$$\lambda = 0.3164/Re^{1/4} = 0.3164/\left(7.470 \times 10^4\right)^{1/4} = 0.3164/16.53 = 0.0191$$

となり，これより，圧力損失は，水の密度は室温 20°C で $\rho = 9.982 \times 10^2\,\mathrm{kg/m^3}$ であるから，

$$\Delta p = \lambda \frac{l}{d} \frac{\rho u^2}{2} = 0.0191 \times \frac{40}{0.05} \times \frac{9.982 \times 10^2 \times 1.5^2}{2} = 17160\,\mathrm{N/m^2}$$
$$= 17.2\,\mathrm{kPa}$$

となる．

一方，図 7.9 のムーディ線図より，$\lambda \fallingdotseq 0.018$ と得ることができる．圧力損失は同様に計算でき，つぎのようになる．

$$\Delta p = 17160 \times \frac{0.018}{0.0191} = 16170\,\mathrm{N/m^2} = 16.2\,\mathrm{kPa}$$

[7.6] ダルシー－ワイスバッハの式において圧力勾配が同じとき，

$$\lambda u_\mathrm{m}^2 = \mathrm{const.}$$

となる．新しい鋳鉄管を 1，古い鋳鉄管を 2 とするとき，

$$\lambda_1 u_\mathrm{m1}^2 = \lambda_2 u_\mathrm{m2}^2$$

となり，流量をそれぞれ Q_1, Q_2 とすれば，断面積はさびている分だけの相違はあるが，巨視的には同じとみなせるので，流量の比は速度の比となる．すなわち

$$\frac{Q_2}{Q_1} = \frac{u_\mathrm{m2}}{u_\mathrm{m1}} = \frac{\sqrt{\lambda_1}}{\sqrt{\lambda_2}} = \frac{1}{\sqrt{2}} = 0.707$$

となり，古い鋳鉄管では新しい鋳鉄管に比べて約 30％の流量の減少となる．

第 8 章

[8.1] 流体粒子の伸縮，せん断変形などによって流体中に生じる内部応力に関して，ニュートンの運動の第 2 法則を適用して得られる．本文の 8.2 節を参照のこと．

[8.2] 本文の式 (8.43)～(8.45) において，$v = w = 0$ であり，$\partial/\partial t = 0$（定常である），$\partial/\partial x = 0$（x 方向に流れは変化しない）である．また，体積力は g を重力加速度とすると，

$$X = g\sin\theta, \quad Y = -g\cos\theta$$

式 (8.43) は，

$$0 = g\sin\theta + \nu\frac{\partial^2 u}{\partial y^2}$$

となる．この式を積分すると，

$$u = -\frac{g}{\nu}\sin\theta \cdot \frac{y^2}{2} + C_1 y + C_2$$

積分定数 C_1, C_2 を，$y = 0$ で $u = 0$, $y = h$ で $\tau = \mu(\mathrm{d}u/\mathrm{d}y) = 0$ の境界条件で求めると，速度分布 u は，

$$u = \frac{g\sin\theta}{2\nu}\left(2hy - y^2\right)$$

となる．式 (8.44) は，

$$0 = -g\cos\theta - \frac{1}{\rho}\frac{\partial p}{\partial y}$$

となる．この式を積分し，$y = h$ で $p = p_0$ の境界条件で積分定数を求めると，圧力分布 p はつぎのようになる．

$$p = p_0 + \rho g(h - y)\cos\theta$$

第 9 章

[9.1] 本文の 9.1 節を参照のこと．
[9.2] 臨界レイノルズ数の定義より，遷移の起こる位置はつぎのようになる．

$$x = \frac{Re_c \nu}{U} = \frac{5 \times 10^5 \times 1.307 \times 10^{-6}}{5} = 0.131\,\text{m}$$

[9.3] 翼の後縁の位置でのレイノルズ数は

$$Re = \frac{Ul}{\nu} = \frac{600 \times 10^3}{3600} \times \frac{4}{1.411 \times 10^{-5}} = 166.7 \times \frac{4}{1.411 \times 10^{-5}} = 4.72 \times 10^7$$

であるので，乱流境界層の式が適用できる．

$$\delta = 0.37l\left(\frac{\nu}{Ul}\right)^{\frac{1}{5}} = 0.37 \times 4 \times \left(\frac{1.411 \times 10^{-5}}{166.7 \times 4}\right)^{\frac{1}{5}}$$
$$= 0.37 \times 4 \times 0.02918 = 0.04319\,\text{m} = 43.2\,\text{mm}$$

また，摩擦抗力 D は，翼の上下面を考えると，つぎのようになる．

$$D = 2 \times C_f \times \left(\frac{1}{2} \times \rho U^2 bl\right)$$
$$= 0.074\left(\frac{\nu}{Ul}\right)^{\frac{1}{5}} \times 1.247 \times 166.7^2 \times 20 \times 4$$
$$= 0.074 \times 0.02918 \times 2.772 \times 10^6 = 5.986 \times 10^3\,\text{N} = 5.99\,\text{kN}$$

第 10 章

[10.1] 混合層の幅は，せん断層の混合開始点からの距離の 1 乗に比例して増加する．

[10.2] 噴流が同質の静止流体中に噴出した場合，噴流の外側より次第に粘性の影響を受けるが，噴出点からある距離まで粘性の影響を受けない流れが中心部に存続することができる．この領域をいう．

[10.3] 噴流の流れ方向の運動量が保存されるため．

[10.4] 後流の拡がりの幅は，流れ方向の距離の平方根に比例する．後流は，噴流などと違って物体に作用する抗力による運動量欠損を伴う．この違いが，噴流などに比べて拡がりの幅を小さくしている．

第 11 章

[11.1] 本文の 11.2 節を参照のこと．
[11.2] 本文の 11.4.3 項を参照のこと．
[11.3] 単位質量あたりのエンタルピーの低下は，つぎのようになる．

$$h_0 - h = \frac{1}{2}u^2 = \frac{1}{2} \times 200^2 = 20000\,\frac{\text{m}^2}{\text{s}^2} = 20000\,\frac{(\text{kg}\cdot\text{m/s}^2) \times \text{m}}{\text{kg}}$$
$$= 20000\,\frac{\text{N} \times \text{m}}{\text{kg}} = 20\,\frac{\text{kJ}}{\text{kg}}$$

参考文献

- [1] H. Lamb: Hydrodynamics, Cambridge, 1932.
- [2] 今井功：流体力学（前編），裳華房，1973.
- [3] N. Rajaratnam: Turbulent Jets, Elsevier, 1976.
- [4] H. Schlichting: Boundary-Layer Theory（英訳），McGraw-Hill, 1979.
- [5] 大橋秀雄：流体力学（1），コロナ社，1982.
- [6] 巽友正：流体力学，培風館，1982.
- [7] 安藤常世：工学基礎 流体の力学，培風館，1984.
- [8] 原田幸夫：工業流体力学，槇書店，1985.
- [9] 流れの可視化学会編：新版 流れの可視化ハンドブック，朝倉書店，1986.
- [10] 日本機械学会編：機械工学便覧 基礎編 A5 流体工学 新版，日本機械学会，1986.
- [11] 田古里哲夫・荒川忠一：流体工学，東京大学出版会，1989.
- [12] 基礎流体力学編集委員会編：基礎 流体力学，産業図書，1989.
- [13] R.D. Blevins: Flow-Induced Vibration, Van Nostrand Reinhold, 1990.
- [14] D. Pnueli and C. Gutfinger: FLUID MECHANICS, Cambridge, 1992.
- [15] 須藤浩三・長谷川富市・白樫正高：流体の力学，コロナ社，1994.
- [16] 杉山弘・遠藤剛・新井隆景：流体力学，森北出版，1995.
- [17] 藤本武助：流体力学入門，養賢堂，1995.
- [18] 神部勉・石井克哉：流体力学，裳華房，1995.
- [19] 日本流体力学会編：流れの可視化，朝倉書店，1996.
- [20] 高橋徹：流体のエネルギーと流体機械，理工学社，1998.
- [21] 永井實：イルカに学ぶ流体力学，オーム社，1999.
- [22] 石綿良三：流体力学入門，森北出版，2000.
- [23] パリティ編集委員会編：身近な流体力学，丸善，2000.
- [24] 白倉昌明・大橋秀雄：流体力学（2），コロナ社，2003.
- [25] M. Samimy, K.S. Breuer, L.G. Leal and P.H. Steen: A Gallery of Fluid Motion, Cambridge, 2003.
- [26] 日本機械学会：流体力学，日本機械学会，2005.
- [27] 前川博・山本誠・石川仁：例題でわかる基礎・演習 流体力学，共立出版，2005.
- [28] 日本機械学会編：機械工学便覧 基礎編 α4 流体工学，日本機械学会，2006.
- [29] D.F. Young, B.R. Munson, T.H. Okiishi and W.W. Huebsch: A Brief Introduction to FLUID MECHANICS, Wiley, 2007.

索　引

■英　数

1次元流れ　24
2次元流れ　24
2次元流れの連続の式　30
2次元噴流　146
2次元ポアズイユの流れ　119
2次元翼　85
2次流れ　108
3次元流れ　25

■あ　行

亜音速流　157, 166
圧縮性　12, 154
圧縮性流体　13
圧縮性流体の力学　151
圧縮波　167
圧縮率　13, 155
圧力　9, 15
圧力エネルギー　37
圧力係数　70, 84
圧力項　36, 117
圧力降下　91
圧力抗力　79
圧力損失　91
あらい平板　143
粗さレイノルズ数　103, 143
アルキメデスの原理　20
位置エネルギー　37
一様流　59, 129
渦糸　50, 66
渦管　50
渦線　50
渦度　50
渦動粘度　99
渦流れ　50
渦なし流れ　54
渦粘度　99

運動エネルギー　37
運動方程式　35, 160
運動量厚さ　136
運動量積分方程式　136
運動量の式　41, 160
運動量の法則　42
運動量輸送理論　99
液体　7
エネルギーの式　162
エンタルピー　158
エントロピー　159
オイラーの運動方程式　36, 37
オイラーの方法　26
音速　153
音速の流れ　166
音波　152

■か　行

回転移動　33
回転流れ　50
外部流れ　78
角運動量の法則　45
壁法則　101
過膨張　167
カルマン渦列　81
カルマン－ニクラゼ　104
カルマンの運動量積分方程式　135
慣性項　117
完全気体　153
完全発達領域　146
完全流体　13, 49
管摩擦係数　92, 95
管摩擦損失　91
擬似衝撃波　170
気体　7
気体定数　9
気体力学　151

希薄気体力学　8
境界層　90, 129
境界層方程式　132
強制渦　66
共役複素速度　58
局所加速度　34
極超音速流　157
クエット流れ　10, 119
クッタ－ジューコフスキーの定理　73, 87
クッタの条件　88
クヌーセン数　8
ゲージ圧力　17
コアンダ効果　137
後縁　85
後流　81, 148
後流渦　81
抗力　72, 79, 82
抗力係数　82
国際単位系　8
コーシーの運動方程式　112, 117
コーシー－リーマン　58
骨格線　85
コールブルックの実験式　104
混合距離　99
混合層流　145
混合長理論　99, 126

■さ　行

最大流速　93
指数法則　103, 143
実質加速度　34, 36
実質微分　35
失速　86
失速角　86
質量項　117
質量保存の法則　28, 110

自由渦　66
十分に発達した流れ　90
自由乱流　148
縮流　40, 107
ジューコフスキーの仮定　88
主流　129
衝撃波　167
状態方程式　9, 157
助走距離　90
助走区間　90
伸縮　32
吸込み流れ　61
垂直衝撃波　168
水力平均深さ　96
ストークス近似　124
ストークスの仮説　116
ストークスの定理　52
ストローハル数　81
すべりなしの条件　74
スロート　163
静圧　39
静力学　15
絶対圧力　17
全圧力　16
遷移　77
遷移層　101
遷移領域　129, 146
全エネルギー　37
前縁　85
遷音速流　157
全温度　162
旋回流れ　65
せん断応力　9
せん断変形　32
相似解　139
相似領域　146, 147
相対粗度　103
層流　10, 77
層流境界層　129
層流はく離　81, 84
速度欠損　102
速度欠損則　102
速度ポテンシャル　55
反り　85
反り線　85
損失係数　106

損失水頭　91
損失ヘッド　91

■た 行

対数法則　101, 143
体積弾性係数　13, 155
体積力　35
体積力項　36, 117
対流加速度　34
対流項　117
ダランベールの背理　73, 84
ダルシー－ワイスバッハの式　92, 95
単純せん断層　145
単純せん断流れ　10
断熱流れ　162
超音速流　157, 166
定圧比熱　158
定常流れ　25
定積比熱　158
ディフューザ　163
適正膨張　167
動圧　39
等エントロピー変化　159
動粘性係数　11
動粘度　11, 99
等ポテンシャル線　60
トリチェリの定理　38

■な 行

内層　101
内部エネルギー　157
内部流れ　78
流れ関数　57
流れ関数の物理的意味　57
斜め衝撃波　169
ナビエ－ストークスの運動方程式　117, 122
なめらかな平板　143
二重吹出し　68
二重吹出しの強さ　68
鈍い物体　78
ニュートンの粘性法則　10
ニュートン流体　12
ぬれ縁　96
熱力学の第1法則　157

熱力学の第2法則　159
粘性　10
粘性係数　10
粘性項　117
粘性底層　100, 142
粘性によるせん断応力　99
粘性流体　13, 74
粘度　10
ノズル　163

■は 行

背圧　165
排除厚さ　136
はく離　79, 86, 136
はく離点　79
ハーゲン－ポアズイユ流れ　95
ハーゲン－ポアズイユの法則　94
パスカルの原理　16
羽根　85
非圧縮性流体　13
非回転流れ　54
比体積　8
非定常流れ　25
ピトー管　38
ピトー静圧管　38
非ニュートン流体　12
比熱　158
非粘性流体　13
吹出し流れ　61
複素速度　58
複素速度ポテンシャル　58
複素ポテンシャル　58
浮心　19
不足膨張　166, 167
浮体　20
双子渦　80
物質微分　35
ブラジウスの式　102
プラントル－カルマンの式　102
プラントル－シュリヒティング　143
浮力　19
ブレード　85

噴流　146
平均流速　94
閉塞　166
ベルヌーイの式　37, 160
ベルヌーイの定理　37
ベンチュリ管　40
膨張波　167
ポテンシャルコア　147
ポテンシャルコア領域　146
ポテンシャル流れ　56
ボルダ-カルノーの式　106

■ま　行

マグナス効果　73
摩擦抗力　79
摩擦速度　100
摩擦抵抗　140
摩擦抵抗係数　140
マッハ円錐　156
マッハ角　156
マッハくさび　156
マッハ数　155
マッハ波　156
マノメータ　17
密度　8
迎え角　85
ムーディ線図　103

メタセンター　22

■や　行

揚力　72, 82
揚力係数　82
翼　85
翼厚　85
翼形　85
翼弦　85
翼弦長　85
翼断面形　85
翼の特性曲線　86
翼幅　85
よどみ点　39
よどみ点圧力　39, 162
よどみ点エンタルピー　162
よどみ点温度　162

■ら　行

ラグランジュの方法　26
ラグランジュ微分　35
ラバルノズル　166
ラプラスの方程式　56
ランキン-ウゴニオの関係　169
乱流　77
乱流域　101

乱流境界層　129
乱流動粘度　99
乱流粘度　99
乱流はく離　81, 84
理想流体　13, 49, 74
流管　28
粒子微分　35
流跡　28
流線　27
流線形な物体　78
流線の式　27
流体平均深さ　96
流体要素　7
流体力学　8
流体粒子　7
流脈　28
臨界圧力　165
臨界状態　165, 166
臨界速度　77
臨界レイノルズ数　77, 84, 129
レイノルズ応力　98, 99, 126
レイノルズ数　76
レイノルズ方程式　126
連続体　7
連続の式　28, 30, 110, 159
連続の式の微分形　160

著者略歴

藤田　勝久（ふじた・かつひさ）
1966 年　大阪大学大学院工学研究科修士課程機械工学専攻修了
　　　　（三菱重工業（株）高砂研究所振動・騒音研究室長，研究所次長，
　　　　事業所技師長兼研究所技師長を歴任）
1997 年　大阪府立大学工学部機械システム工学科教授
2000 年　大阪府立大学大学院工学研究科機械系専攻教授（改組による）
2005 年　定年退官
　　　　大阪市立大学大学院工学研究科機械物理学専攻特任教授，客員教授
　　　　会社・研究所等の研究指導顧問・技術顧問など
　　　　現在に至る
　　　　工学博士，日本機械学会フェロー，米国機械学会フェロー

基本を学ぶ 流体力学　　　　　　　　　　　　© 藤田勝久　2009

2009 年 4 月 22 日　第 1 版第 1 刷発行　　【本書の無断転載を禁ず】
2022 年 2 月 21 日　第 1 版第 7 刷発行

著　者　藤田勝久
発行者　森北博巳
発行所　森北出版株式会社
　　　　東京都千代田区富士見 1-4-11（〒102-0071）
　　　　電話 03-3265-8341 ／ FAX 03-3264-8709
　　　　https://www.morikita.co.jp/
　　　　日本書籍出版協会・自然科学書協会　会員
　　　　JCOPY ＜（一社）出版者著作権管理機構　委託出版物＞

落丁・乱丁本はお取替えいたします　　印刷／エーヴィス・製本／協栄製本
　　　　　　　　　　　　　　　　　　組版／ウルス

Printed in Japan／ISBN978-4-627-67371-7

MEMO